Dunga Prasanna Latha
K.P.J. Hemalatha

Produção de Lovastatina por Fungos

Dunga Prasanna Latha
K.P.J. Hemalatha

Produção de Lovastatina por Fungos

Fermentação em estado sólido utilizando resíduos agro-industriais

ScienciaScripts

Imprint

Cover image: www.ingimage.com

This book is a translation from the original published under ISBN 978-3-659-79572-5.

Publisher:
Sciencia Scripts
is a trademark of
Dodo Books Indian Ocean Ltd. and OmniScriptum S.R.L publishing group

120 High Road, East Finchley, London, N2 9ED, United Kingdom
Str. Armeneasca 28/1, office 1, Chisinau MD-2012, Republic of Moldova, Europe
Managing Directors: Ieva Konstantinova, Victoria Ursu
info@omniscriptum.com

Printed at: see last page
ISBN: 978-620-8-38408-1

AGRADECIMENTOS

Agradeço ao Todo-Poderoso e Soberano JESUS CRISTO pela Sua presença inabalável durante todo o período e trabalho de investigação.

K. P. J. Hemalatha, Departamento de Microbiologia, Universidade de Andhra, pelo seu incentivo persistente, orientação inestimável, sugestões construtivas e ajuda prestada na realização deste trabalho de investigação.

Expresso os meus sinceros agradecimentos ao Prof. G. Gnanamani, Diretor de Ciência e Tecnologia da Universidade de Andhra, por todo o apoio e orientação que me deu.

Estou muito grato ao Prof. D. SriramiReddy, do Departamento de Biotecnologia, Engenharia Química, Universidade de Andhra, por me ter permitido realizar o meu trabalho de investigação no seu laboratório.

Estou verdadeiramente grato ao Prof. P. Rajendra Prasad, Prof. Prasad Reddy, Prof. G. Sudhakar, Prof. R. D. Sampath Kumar, Dr. V. HariBabu, Dr. T. Sharon, Prof. K. Vijay Kumar, Sr. S. J. Dass, Sr. G. Sam Bob e Sra. G. Hema Latha Sam Bob, Sr. B. Avinash, Sr. M.S. Kumar Babu, Sr. N.J. Peterson, Sr. Y.Y.S.E.V.P. Rao, Sr. R. Dinesh e Sr. KR. Swaroop por todo o apoio, ajuda e orientação que me deram durante este período.

Expresso a minha gratificação e os meus cumprimentos aos meus queridos pais Shri. D. Y. Dass e Smt. D. Prakashamma.

Devo a minha mais profunda gratidão ao meu marido, P. Ramesh Babu, aos meus filhos P. Pradeep Boaz e T. Benjamin Boaz e a todos os membros da família pelo seu encorajamento e apoio ao longo do meu trabalho de investigação.

Agradeço aos membros do pessoal não docente do Departamento de Microbiologia, A.U. Visakhapatnam, por me terem ajudado de muitas formas durante o meu período de investigação.

PRASANNA LATHA DUNGA

ÍNDICE DE CONTEÚDOS:

CAPÍTULO 1
INTRODUÇÃO E REVISÃO DA LITERATURA

A microbiologia e a biotecnologia são atualmente os domínios de mais rápido crescimento no mundo. A rápida evolução da biotecnologia na última década permitiu técnicas avançadas de descoberta, otimização e fabrico que estão a impulsionar o desenvolvimento em todos os aspectos da indústria farmacêutica. Produtos novos, mais eficientes e de elevado valor estão a criar uma variedade de oportunidades nas indústrias farmacêuticas.

As indústrias alimentar e agrícola produzem anualmente grandes volumes de resíduos em todo o mundo, causando um grave problema de eliminação. Atualmente, estes resíduos agro-industriais ou são deixados a decompor-se naturalmente nos campos ou são queimados. Estes são ricos em hidratos de carbono e podem ser facilmente assimilados pelos microrganismos.

Este facto torna-os muito apropriados para a sua exploração como matérias-primas na produção de produtos industrialmente relevantes e de valor acrescentado através da fermentação em estado sólido (SSF).

Além disso, a reutilização de resíduos biológicos é de grande interesse, devido a razões ambientais, a indústria está a ser cada vez mais forçada a encontrar uma utilização alternativa para a sua matéria residual. Além disso, a utilização destes resíduos reduz consideravelmente o seu custo adicional de eliminação. Por conseguinte, a investigação e o desenvolvimento de potenciais processos de valor acrescentado para os resíduos biológicos são altamente atractivos.

O colesterol é um composto orgânico, que é produzido nos seres humanos através de um metabolismo complexo. Actua como precursor para a síntese de muitos esteróides, vitamina D e também ajuda no transporte de membranas.

O aumento do colesterol nos seres humanos conduz a doenças cardiovasculares e, por fim, à morte. A síntese de colesterol pode ser reduzida através da inibição da HMG-CoA redutase, que é uma enzima importante na formação de Mevolanato a partir de Acetil CoA. A inibição é efectuada pelo fármaco estatina, que é produzido por muitos fungos através da via dos policetídeos. Muitos fungos produzem lovastatina, enquanto outras estatinas como a rosuvastatina, a sinvastatina, a pravastatina e a fluvastatina são sintetizadas a partir da lovastatina e da mevastatina. Para além da redução do colesterol, a lovastatina tem várias propriedades medicinais, como anticancerígena, maturação óssea e esclerose múltipla.

A lovastatina é a enzima limitadora da taxa de biossíntese do colesterol. A hipercolesterolemia é um fator de risco primário para a doença arterial coronária, a principal causa de morte a nível mundial.

Para o tratamento da hipercolesterolemia, a lovastatina (Lvs) foi introduzida no mercado pela Merck sharp and Dohme (mevacor) em vários países. A lovastatina é ativa não só in vitro para inibir a biossíntese do colesterol, mas também in vivo para reduzir o nível de colesterol plasmático no homem e nos animais. Actua como um potencial agente terapêutico hipercolesterolémico.

Os resíduos biológicos são bons exemplos de resíduos agro-industriais. A seleção de um substrato sólido adequado desempenha um papel importante no desenvolvimento de um processo eficiente de SSF. A dimensão das partículas e a composição química do substrato são de importância crítica e a sua relação custo-eficácia é também uma consideração importante.

A descoberta dos inibidores da HMG-CoA redutase, designados por estatinas, constituiu um avanço na prevenção da hipercolesterolemia e das doenças associadas. A hipercolesterolemia é considerada um dos principais factores de risco para a aterosclerose, que conduz frequentemente a doenças cardiovasculares, cerebrovasculares e vasculares periféricas. As estatinas inibem a síntese do colesterol no organismo, o que leva à redução dos níveis de colesterol no sangue, reduzindo assim o risco de aterosclerose e das doenças por ela causadas.

Figura-1: 3-hidroxi-3-metilglutaril-CoA redutase

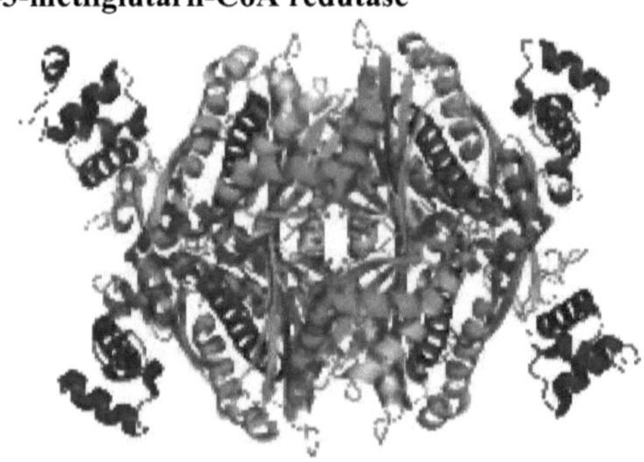

A HMG-CoA redutase (ou **3-hidroxi-3-metil-glutaril-CoA redutase** ou **HMGCR)** é a enzima que controla a taxa (EC 1.1.1.88 e EC 1.1.1.34) da via do mevalonato, a via metabólica que produz colesterol e outros isoprenóides. Normalmente, nas células de mamíferos, esta enzima é suprimida pelo colesterol derivado da internalização e degradação de lipoproteínas de baixa densidade (LDL) através do recetor LDL, bem como por espécies oxidadas de colesterol.

Os inibidores competitivos da redutase induzem a expressão dos receptores de LDL no fígado, o que, por sua vez, aumenta o catabolismo das LDL plasmáticas e diminui a concentração plasmática de colesterol, um importante fator de detenção da aterosclerose (Roitelman *et al.,* 1992). Esta enzima é assim o alvo dos medicamentos que reduzem o colesterol, as estatinas.

A HMG-CoA redutase está ancorada na membrana do retículo endoplasmático e foi durante muito tempo considerada como tendo sete domínios transmembranares, com o local ativo localizado num longo domínio terminal carboxílico no citosol. Dados mais recentes mostram que contém oito domínios transmembranares (Roitelman *et al.,* 1992). A designação da comissão enzimática é EC 1.1.1.34 para a enzima dependente de NADPH, enquanto que 1.1.1.88 se refere a uma enzima dependente de NADH.

Nos seres humanos, o gene da HMG-CoA redutase está localizado no braço longo do quinto cromossoma (5ql3.3-14) (Lindgren *et al.,* 1985). Enzimas relacionadas com a mesma função estão também presentes noutros animais, plantas e bactérias.

Figura-2: Reação - a HMGCR converte a HMG-CoA em ácido mevalónico

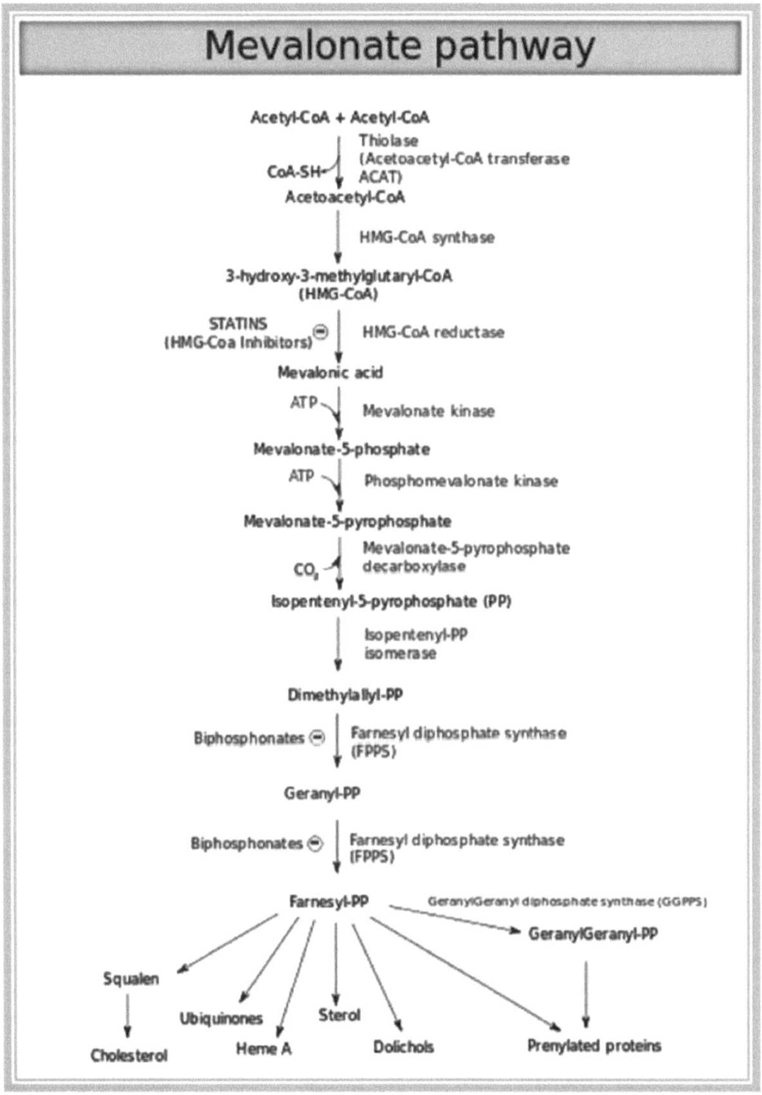

Inibidores

Drogas

Os medicamentos que inibem a HMG-CoA redutase, conhecidos coletivamente como inibidores da HMG-CoA redutase (ou "estatinas"), são utilizados para baixar o colesterol sérico como forma de reduzir o risco de doenças cardiovasculares (Farmer *et al.,* 1998).

Uma das fontes fúngicas a partir da qual as estatinas foram descobertas contém várias moléculas redutoras de colesterol que ocorrem naturalmente, conhecidas como monacolinas. A mais ativa é a monacolina K, ou lovastatina (anteriormente vendida sob o nome comercial de Mevacor, e agora disponível como lovastatina genérica) (Lin *et al.*, 2008).

Importância

A HMG-CoA redutase é uma proteína transmembranar politópica que catalisa um passo fundamental na via do mevalonato (via do mevalonato MetaCyc), que está envolvida na síntese de esteróis, isoprenóides e outros lípidos. Nos seres humanos, a HMG-CoA redutase é o passo limitador da taxa de síntese do colesterol e representa o único alvo principal dos medicamentos actuais para a redução do colesterol.

O significado médico da HMG-CoA redutase continuou a expandir-se para além do seu papel direto na síntese do colesterol, após a descoberta de que as estatinas podem oferecer benefícios para a saúde cardiovascular, independentemente da redução do colesterol (Amaud *et al.*, 2005). Foi demonstrado que as estatinas têm propriedades anti-inflamatórias (Sorrentino *et al.*, 2005), muito provavelmente devido à sua capacidade de limitar a produção de isoprenóides-chave a jusante que são necessários para partes da resposta inflamatória. É de notar que o bloqueio da síntese de isoprenóides pelas estatinas se revelou promissor no tratamento de um modelo de rato de esclerose múltipla, uma doença inflamatória autoimune (Stuve *et al.*, 2003). A HMG-CoA redutase é também uma importante enzima de desenvolvimento. A inibição da sua atividade e a concomitante falta de isoprenóides pode levar a defeitos de migração de células germinativas (Thorpe *et al.*, 2004), bem como a hemorragia intracerebral (Eisa *et al.*, 2013).

Figura-3:Estrutura da HMG-CoA redutase

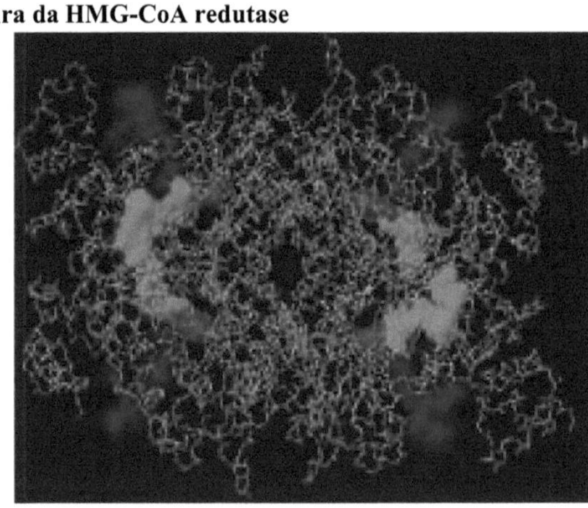

Complexo HMG-CoA redutase-Substrato (Azul: Coenzima A, vermelho: HMG, verde: NADP) A regulação da HMG-CoA redutase é efectuada a vários níveis: transcrição, tradução, degradação e fosforilação.

Estatinas

As estatinas (ou inibidores da HMG-CoA redutase) são uma classe de medicamentos que reduzem os níveis de colesterol em pessoas com ou em risco de doença cardiovascular. As estatinas são os medicamentos mais vendidos em todo o mundo. Todas as estatinas naturais possuem uma porção policetídica comum, um sistema anelar de hexa-hidro-naftaleno ao qual estão ligadas diferentes cadeias laterais. A lovastatina (C_2 4, H_{36} , O_5) é uma estatina natural produzida como metabolito secundário. A lovastatina isolada do Aspergillus terreus foi a primeira estatina a ser aprovada pela FDA em 1987 para uso terapêutico (Tobert, 1987). As estatinas habitualmente prescritas são as seguintes

Lovastatina (Mevacol)[8]
Sinvastatina (Zocor®)
Atorvastatina (Lipitor)[8]
Fluvastatina (Lescol®)
Pravastatina (Pravachol[8])
Rosuvastatina cálcica (Crestor)[8]
Pitavastatina (Livalo[8]).

Entre as diferentes estatinas, a atrovastatina foi considerada mais eficaz sem aumentar os efeitos adversos, mas é sintética. Entre as estatinas derivadas de plantas, a lovastatina é muito eficaz e segura (Jones *et al.,* 1998).

Há mais de 100 anos, um patologista alemão chamado Virchow descobriu que o excesso de colesterol encontrado nas paredes arteriais das pessoas causava a morte por doenças vasculares oclusivas, como o enfarte do miocárdio. Descobriu-se que o colesterol era responsável pelo espessamento do lado interior das paredes arteriais, diminuindo assim o raio das artérias, o que conduz, na maioria dos casos, à hipertensão e ao aumento do risco de doenças vasculares oclusivas (Tobert e Jonathan, 2003).

As estatinas são antagonistas competitivos da HMG-CoA, uma vez que competem diretamente com o substrato endógeno pelo local ativo da HMGR.

As estatinas também não são competitivas com o co-substrato NADPH (nicotinamida adenina dinucleótido fosfato). Ao bloquear a enzima HMGR, inibem a síntese de colesterol *através* da via do mevalonato. O resultado final é a redução dos níveis de LDL (lipoproteínas de baixa densidade), TG (triglicéridos) e colesterol total e o aumento dos níveis de HDL (lipoproteínas de alta densidade) no soro.

Estatinas do tipo 1: As estatinas que substituíram a estrutura do anel de decalina e que se assemelham à primeira estatina descoberta, a mevastatina, foram frequentemente classificadas como estatinas do tipo 1 devido à sua relação estrutural.

Figura-4: Lovastatina

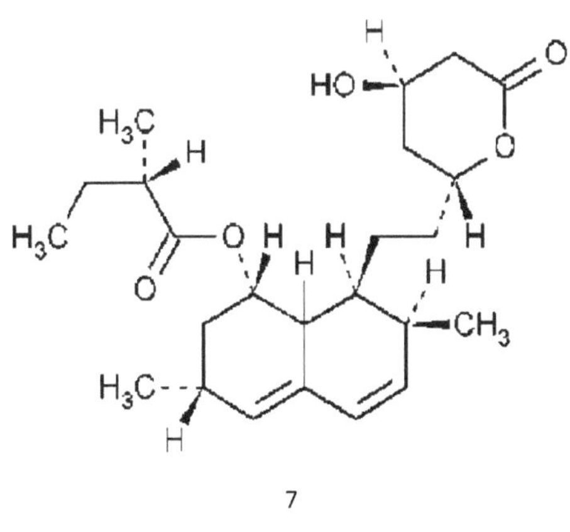

Figura-5:Pravastain

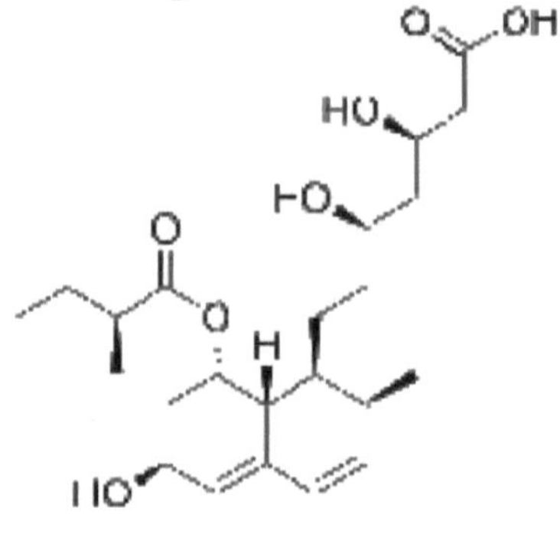

Figura-6: Sinvastatina

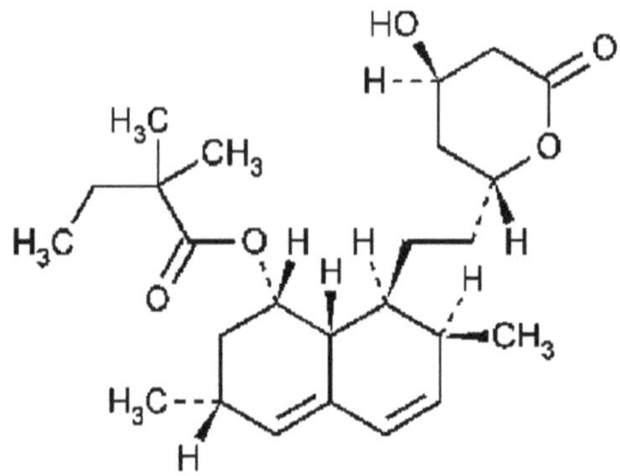

A lovastatina é derivada de uma fonte fúngica e a sinvastatina e a pravastatina são modificações químicas da lovastatina, pelo que não diferem muito da lovastatina em termos de estrutura. As três têm estruturas anulares de naftaleno parcialmente reduzidas.

As estatinas do tipo 2 existem todas nas suas formas activas de ácido hidroxílico. A fluvastatina tem uma estrutura de anel de indol, enquanto a atorvastatina e a rosuvastatina têm estruturas de anel à base de pirrol e pirimidina, respetivamente. A cerivastatina, lipofílica, tem uma estrutura anelar à base de piridina. As estatinas que são totalmente sintéticas e têm grupos maiores ligados ao grupo HMG são frequentemente referidas como estatinas do tipo 2.

F igura-7: Fluvastatina

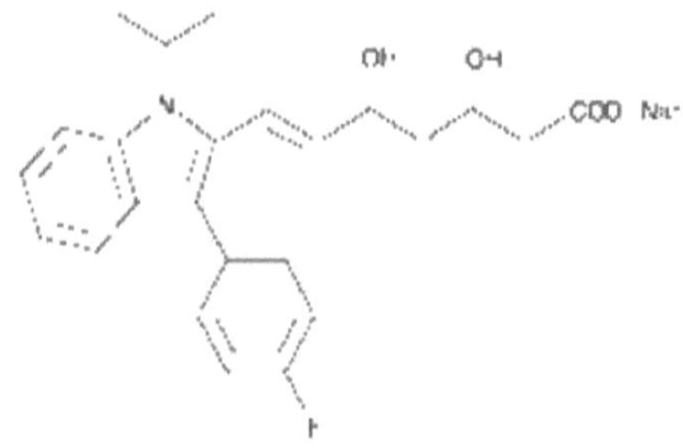

Figura-8: Cerivastatina

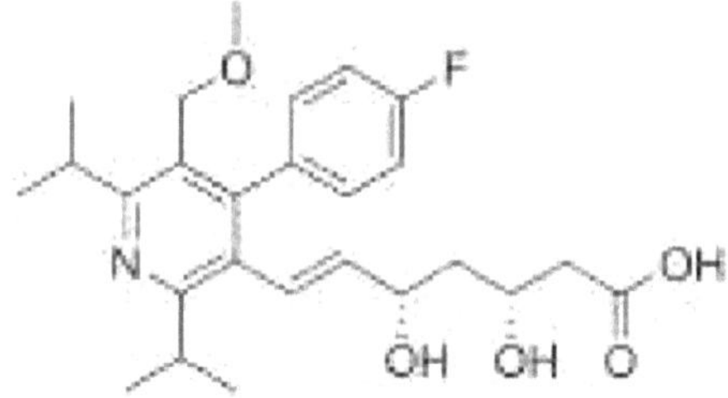

Figura-9: Atorvastatina

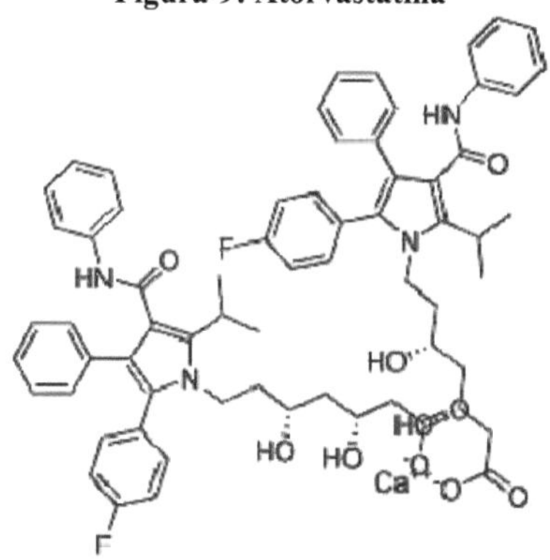

Figura-10:Rosuvastatina

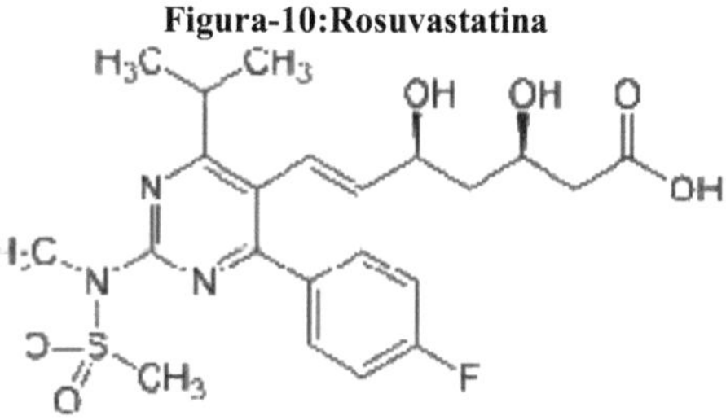

Aplicações terapêuticas das estatinas em geral

O estado atual dos conhecimentos indica que as estatinas não são apenas medicamentos para baixar os lípidos. Devido às suas múltiplas funções, estes **medicamentos milagrosos** surgiram como possíveis medicamentos para muitas outras doenças crónicas, incluindo a neurodegeneração, a inflamação, a desmielinização, o cancro e a diabetes. Segue-se a análise de um grande conjunto de informações sobre o possível tratamento de várias doenças humanas com estatinas.

Doença das artérias coronárias

Os dados de vários estudos epidemiológicos estabeleceram as estatinas como a classe de medicamentos mais potente para as doenças cardiovasculares. Sendo um medicamento para baixar o colesterol, espera-se que as estatinas melhorem os problemas cardiovasculares. No entanto, para além de reduzirem o colesterol, as estatinas parecem melhorar vários problemas em doentes com aterosclerose. Por exemplo, as estatinas reduzem os níveis de proteínas de fase aguda, independentemente dos seus efeitos sobre o colesterol, retardando assim os efeitos deletérios da doença aterosclerótica avançada (Amaud *et al.*, 2005, Elrod *et al.*, 2005). Há cada vez mais provas de que a inflamação e os mecanismos celulares e moleculares subjacentes contribuem para a progressão da aterosclerose (Rosenson *et al.*, 2003). O processo inflamatório vascular parece promover a rutura da placa e a aterotrombose, resultando em complicações clínicas da aterosclerose. Schillinger *et al.* (2004) demonstraram que a associação entre o uso de estatinas e a sobrevivência é marcadamente influenciada pelo estado inflamatório do doente, sugerindo que a redução da inflamação vascular ou a atenuação dos efeitos da atividade inflamatória pode ser um mecanismo importante através do qual as estatinas apresentam uma melhoria da sobrevivência livre de eventos. No entanto, para além da redução do colesterol e das actividades anti-inflamatórias, a melhoria da função endotelial e a estabilização da placa por parte das estatinas em doentes com aterosclerose podem também envolver os seus efeitos antitrombóticos, anti-proliferativos e anti-oxidativos.

Cancro

O interesse em estudar os efeitos das estatinas em várias formas de cancro deriva do facto de a Ras (proteína sinalizadora) estar envolvida em pelo menos 30% de todas as formas de cancro e de as estatinas serem capazes de inibir a ativação da Ras em vários tipos de células (Graaf *et al.*, 2004). As estatinas também inibem o crescimento de várias linhas celulares, quer por indução da paragem do ciclo celular, quer por apoptose (Graaf *et al.*, 2004). Foi relatado que a lovastatina reduz a invasividade de células de linfoma, células de glioma humano, células de melanoma e células NIH-3T3 em matrigel (Graaf *et al.*, 2004). As estatinas exibem efeitos antitumorais contra o melanoma, o carcinoma mamário, o adenocarcinoma pancreático, o fibrossarcoma, o glioma, o neuroblastoma e o linfoma em vários modelos animais, levando à supressão da progressão do tumor e/ou à inibição do processo metastático (Alonso *et al.*, 1998, Matar *et al.*, 1999). Numa análise epidemiológica, foram registados menos casos de melanoma no grupo tratado com lovastatina em comparação com o grupo de controlo (Downs *et al.*, 1998). Em estudos pré-clínicos, as estatinas também potenciam os efeitos antitumorais de algumas citocinas e quimioterapêuticos (Jakobisiak *et al.*, 2003). No entanto, os resultados dos ensaios clínicos não apresentam perspectivas particularmente encorajadoras para a terapia com estatinas no cancro. Num estudo de fase II realizado por Kim *et al.*, 2001, a lovastatina (35 mg/kg de peso corporal) foi administrada a doentes com adenocarcinoma gástrico avançado. Embora este regime medicamentoso provoque efeitos secundários transitórios, como mialgia e elevação da creatina fosfoquinase sérica, o efeito antitumoral não foi muito evidente. Num outro ensaio de fase I-II sobre a lovastatina, realizado por Larner *et al.* em 1998 em doentes com astrocitoma anaplásico e glioblastoma multiforme, foram toleradas doses elevadas de lovastatina com pouca atividade antitumoral. Num ensaio, foi igualmente registado um aumento da incidência de cancro da mama e do cólon no grupo tratado com pravastatina (Shepherd *et al.*, 2002). As estatinas têm como alvo específico o Ras e, por conseguinte, estes medicamentos podem ter uma melhor taxa de sucesso contra os cancros dependentes do Ras.

Diabetes

Os doentes com diabetes de tipo 2 têm um perfil lipídico aterogénico, o que aumenta consideravelmente o risco de doença coronária (CHD) em comparação com as pessoas sem diabetes. Estima-se que 92% dos indivíduos com diabetes de tipo 2, sem CHD, têm um perfil dislipidémico (Tuomilehto, 2003). No Lescol Intervention Prevention Study (LIPS), a utilização de rotina de fluvastatina em doentes com diabetes de tipo 2 levou a uma redução de 47% do risco relativo de morte cardíaca (Scuffham *et al.*, 2005). Foi sugerido que um aumento do stress oxidativo contribui para a aterosclerose acelerada e outros problemas em doentes diabéticos. Assim, a exposição de células endoteliais da aorta em cultura a um nível elevado de glicose aumentou significativamente o stress oxidativo em comparação com um nível normal de glicose (Tsubouchi *et al.*, 2005). Este aumento foi completamente bloqueado pelo tratamento com pitavastatina. Posteriormente, a administração de pitavastatina em ratos diabéticos induzidos por estreptozotocina atenuou o aumento do stress oxidativo para níveis de controlo (Tsubouchi *et al.*, 2005). Para além da doença coronária, a neuropatia periférica é uma complicação frequente e importante da diabetes. Curiosamente, a rosuvastatina restaura a vascularização dos nervos, incluindo o tamanho dos vasos, em ratinhos diabéticos de tipo II para os níveis dos ratinhos não diabéticos, estimulando a expressão da óxido nítrico sintase neuronal (nNOS) nos nervos ciáticos (li *et al.*, 2005). Embora os mecanismos sejam mal compreendidos, estes fármacos também reduzem o risco de úlceras nas pernas e de doença renal, que são comuns nos doentes diabéticos.

Osteoporose

A osteoporose é a forma mais comum de doença degenerativa dos ossos nos seres humanos. As estatinas também estão a emergir como medicamentos maravilhosos para doenças ósseas, como a osteoporose. As proteínas morfogenéticas ósseas (BMPs) são citocinas que promovem a diferenciação das células estaminais mesenquimatosas em osteoblastos diferenciados e a formação óssea. Curiosamente, verificou-se que as estatinas estimulam a expressão de BMP-2 (Ohnaka *et al.*, 2001) e este fenómeno pode estar diretamente relacionado com o efeito anabólico das estatinas no osso. Além disso, a IL-6 desempenha um papel importante na patogénese da osteoporose (Ershler *et al.*, 1994). Uma vez que a ativação de Ras mediada por isoprenóides está envolvida na indução de IL-6 (Pahan *et al.*, 1997), as estatinas bloqueiam a indução de IL-6 em vários tipos de células através da depleção de isoprenóides.

O papel das estatinas na formação óssea foi demonstrado em 1999 e, depois disso, relatórios de grandes grupos de pacientes apontaram para uma redução do risco de fracturas osteoporóticas com a utilização de estatinas, em comparação com os que utilizavam outros fármacos hipolipemiantes ou com o grupo de controlo (Chan *et al.*, 2000, LaCroix *et al.*, 2003). As análises epidemiológicas também indicaram uma redução do risco de fracturas osteoporóticas com a utilização de estatinas, mas ainda não se sabe se a utilização destes medicamentos pode ter um efeito benéfico no turnover ósseo.

Doença de Alzheimer

A doença de Alzheimer é uma doença neurodegenerativa que resulta na morte neuronal progressiva e na perda de memória. Neuropatologicamente, a doença é caracterizada por emaranhados neurofibrilares e placas neuríticas compostas por agregados da proteína β-amiloide (A/β), um fragmento proteolítico de 40 a 43 aminoácidos derivado da proteína precursora da amiloide. No início dos anos 90, o primeiro indício do possível envolvimento do colesterol na doença de Alzheimer surgiu da observação de uma maior prevalência de placas senis contendo A/β em indivíduos sem demência e com doença arterial coronária, em comparação com indivíduos sem demência e sem doença cardíaca (Sparks *et al.*, 1990). Embora o mecanismo subjacente não tenha sido identificado, foi proposto que níveis elevados de colesterol circulante aumentam várias vezes o risco de doença de Alzheimer (Notkola *et al.*, 1999). Posteriormente, o nexo colesterol-DA surge com a evidência direta de níveis aumentados de *A/β* em coelhos brancos da Nova Zelândia alimentados com colesterol, o modelo animal da doença arterial coronária humana (Sparks *et al.*, 1994). Curiosamente, a remoção do colesterol da dieta de animais previamente alimentados com uma dieta enriquecida com colesterol conduziu a uma redução significativa dos níveis cerebrais de A/β, atestando um papel importante do colesterol na estimulação da produção de A/β na vida do cérebro

(Sparks *et al.*, 1994). Estudos epidemiológicos também sugerem que a utilização prévia de estatinas no tratamento do risco de doença arterial coronária pode reduzir o risco de DA mais tarde na vida (Jick *et al.*, 2000, Wolozin *et al.*, 2000). Recentemente, num ensaio aleatório em dupla ocultação com um ano de exposição à atorvastatina (80 mg/dia), Sparks *et al.* (2005) verificaram que a atorvastatina reduziu os níveis de colesterol circulante e produziu um sinal positivo em cada uma das medidas de resultados clínicos (tais como a Escala de Depressão Geriátrica, a Escala de Avaliação da Doença de Alzheimer, a Escala de Impressão Clínica Global de Mudança e a Escala de Inventário Neuropsiquiátrico) em comparação com o placebo. No entanto, os resultados devem ser comprovados por um grande ensaio clínico multicêntrico, a fim de estabelecer a terapia com estatinas na DA.

Esclerose múltipla

A esclerose múltipla é a doença humana desmielinizante mais comum do sistema nervoso central (SNC) de etiologia desconhecida. Pensa-se que um processo inflamatório de largo espetro no SNC desempenha um papel importante na perda de mielina e de células produtoras de mielina. Surgiram evidências de que as estatinas têm efeitos imunomoduladores na EM. Várias propriedades imunomoduladoras das estatinas podem ser responsáveis pelos seus efeitos clínicos benéficos. As estatinas diminuem a migração de leucócitos para o SNC, inibem o MHC de classe II e os sinais co-estimulatórios necessários para a ativação de células T pró-inflamatórias, induzem um fenótipo Th2 nas células T e diminuem a expressão de mediadores inflamatórios no SNC, incluindo o NO e o TNF-α (Youssef *et al.*, 2002, Aktas *et al.*, 2003). Greenwood *et al.*, (2003), demonstraram que o tratamento de células endoteliais cerebrais *in vitro* com lovastatina inibe a migração de células T transendoteliais mediada por Rho. Foi referido que, em modelos de ratinhos com esclerose múltipla aguda e recorrente-remitente, o tratamento com lovastatina inibe a migração de leucócitos para o SNC e atenua o desenvolvimento da doença clínica aguda e recorrente (Stanislaus *et al.,1999,* Greenwood *et al.*, 2003). Além disso, experiências *in vitro* com células imunitárias humanas relataram um perfil imunomodulador das estatinas comparável ao do IFN-/9. Em consonância com este facto, um ensaio clínico aberto com sinvastatina para a EM registou uma diminuição significativa do número e do volume de novas lesões por ressonância magnética (RM) e um perfil de segurança favorável (Vollmer *et al.*, 2004). Como as provas do benefício das estatinas na EM são atualmente insuficientes, são necessários grandes ensaios clínicos controlados. Uma vez que o tratamento com estatinas está a ser considerado como uma possível terapia para os doentes com EM, vale a pena mencionar que a lógica do tratamento com estatinas em doentes com EM deve ser justificada. Em primeiro lugar, a EM é uma doença da geração mais jovem e, por conseguinte, muitos doentes com EM não têm quaisquer problemas relacionados com o colesterol antes, durante ou após o ataque de EM. Em segundo lugar, a concentração sérica de 24S- hidroxicolesterol, que reflecte a renovação do colesterol no cérebro, pode ser um possível marcador de neurodegeneração e desmielinização na EM (Bretillon *et al.*, 2000). De forma coerente, Teunissen *et al.* (2003) demonstraram que os níveis séricos de 24S-hidroxicolesterol e de lathosterol são mais baixos em doentes com EM progressiva primária e em doentes mais velhos com EM remitente-recorrente.

Depressão

A utilização prolongada de estatinas reduziu o risco de depressão em doentes com doença arterial coronária (Young-Xu *et al.*, 2003). O risco de depressão era 60% menor nos indivíduos que utilizavam estatinas do que nos indivíduos hiperlipidémicos que não utilizavam medicamentos hipolipemiantes. Curiosamente, a utilização de fármacos hipolipemiantes não-estatínicos produz um efeito semelhante, mas mais fraco. Apesar de as estatinas atenuarem a depressão em doentes susceptíveis, os mecanismos moleculares associados a este efeito benéfico das estatinas não são conhecidos. Um deles poderia ser a regulação positiva da produção de NO mediada pela NOS constitutiva (cNOS) nas células cerebrais pelas estatinas. Como o NO possui atividade antidepressiva, as estatinas podem, portanto, suprimir a depressão. Em alternativa, outra explicação possível poderia ser o efeito de "bem-estar" das estatinas através da melhoria da qualidade de vida devido à diminuição da incidência de eventos cardiovasculares.

Nos últimos anos, os cientistas alcançaram progressos significativos na descoberta de novos aspectos dos fármacos hipolipemiantes. No entanto, a contribuição e a importância de qualquer área biomédica devem ser avaliadas segundo dois parâmetros: académico e terapêutico. Do ponto de vista académico, é importante criar uma bibliografia sobre a regulação de várias vias biológicas por fármacos hipolipemiantes que ajude a expandir intelectualmente este e outros campos. Por exemplo, pode prever-se uma possível semelhança e/ou fusão com outro subcampo que possa proporcionar uma abordagem mais coerente para uma melhor compreensão de um processo biológico. Por outro lado, do ponto de vista terapêutico, é de esperar a aplicação direta de fármacos que reduzem os lípidos em várias doenças humanas incuráveis. Em ambos os aspectos, já se registaram êxitos notáveis. A razão subjacente a este facto reside, em parte, no aumento significativo da população idosa nos últimos anos. Como as pessoas esperam viver mais tempo, é mais provável que venham a sofrer de doenças relacionadas com os lípidos, o que, por si só, deverá impulsionar o mercado dos medicamentos para a redução dos lípidos. Para além das perturbações relacionadas com os lípidos, estes medicamentos estão também a ser utilizados em várias perturbações humanas, incluindo doenças neuroinflamatórias e neurodegenerativas. No entanto, uma série de questões não resolvidas levantam dúvidas quanto à utilização generalizada de fármacos hipolipemiantes nas doenças neurológicas. Por exemplo, na doença de Alzheimer, é duvidoso que o colesterol seja o responsável pela patologia neurodegenerativa. Não foi demonstrado que o aumento do colesterol neuronal aumente a produção de A/β. Também não se sabe se os neurónios da DA têm mais colesterol do que os neurónios de controlo. Pelo contrário, os cérebros dos doentes com DA mostram uma regulação específica da seladina-1, uma proteína envolvida na síntese do colesterol, e foi observado um baixo nível de colesterol nas membranas do hipocampo de doentes com DA com o genótipo e4/e4 da ApoE (Ledesma *et al.,* 2005). Do mesmo modo, muitos doentes jovens com EM não apresentam quaisquer problemas relacionados com os lípidos.

Por conseguinte, o desafio consiste em manter a homeostasia do colesterol ou dos lípidos nas doenças independentes dos lípidos após a utilização de fármacos hipolipemiantes, a fim de minimizar os efeitos secundários, o que pode não ser uma tarefa fácil. Em alternativa, o direcionamento específico da molécula/processo biológico, mas não de um processo não relacionado, como o lípido/colesterol, pode ser outra opção para obter um melhor resultado terapêutico nestas condições. Por exemplo, os inibidores da farnesiltransferase ou da geraniltransferase podem ser considerados para o tratamento de perturbações independentes do colesterol, uma vez que estes fármacos não reduzem o nível de colesterol, desempenhando simultaneamente uma das funções mais importantes dos fármacos que reduzem o colesterol, ou seja, a inibição da ativação de pequenas proteínas G. Atualmente, estes medicamentos estão em fase de ensaios clínicos para travar a progressão de diferentes formas de cancro.

Lovastatina

i. Denominação química

(3R, 5R)-7-{lS, 2S,6R, 8S, 8aR) -1,2,6,7,8,8a-Hexahidro-2,6-dimetil- 8-[(S)-2metilbutiriloxi] -1-naftil}-3- hidroxiheptano-5-olido.

ii. Fónnula

$C_{24}H_{36}O_5$

iii. Descrição

Pó cristalino branco a esbranquiçado

A lovastatina é um potente fármaco hipercolesterolémico utilizado para reduzir o colesterol sanguíneo. A lovastatina actua inibindo competitivamente a enzima 3-hidroxi-3-metilglutaril coenzima A redutase envolvida na biossíntese do colesterol. Comercialmente, a lovastatina é produzida por uma variedade de fungos filamentosos, incluindo *espécies de Penicillium, Monascus ruber* e *Aspergillus terreus*, como metabolito secundário. A produção de lovastatina por fermentação diminui o custo de produção em comparação com a síntese química. Nos últimos anos, a lovastatina foi também referida como um potencial agente terapêutico para o tratamento de vários tipos de tumores e desempenha também um papel importante na regulação da resposta inflamatória e imunitária, do processo de coagulação, da renovação óssea, da neovascularização, do tónus vascular e da pressão arterial.

A lovastatina é um inibidor eficaz da enzima hidroximetilglutaril coenzima A redutase, que catalisa a redução da HMG-CoA a mevalonato durante a síntese do colesterol (Singer II *et al.*, 1988). Quando o anel de lactona da lovastatina se encontra na sua forma aberta, como aconteceria no fígado humano, a estrutura apresenta uma forte semelhança com a HMG-CoA. Foi também demonstrado que a lovastatina e as outras monacolinas são inibidores competitivos muito específicos da redutase (Endo *et al.*, 1977, 1980, 1986), que reduzem os níveis séricos de colesterol bloqueando a biossíntese do colesterol. Uma caraterística atraente destes inibidores é que reduzem seletivamente os níveis de lipoproteínas de baixa densidade (LDL), as lipoproteínas más. Enquanto os níveis de lipoproteínas de alta densidade (HDL, as lipoproteínas boas) não são afectados ou, em alguns casos, até aumentam. Atualmente, a lovastatina é produzida comercialmente por fermentação. No entanto, foram também consideradas outras vias de síntese. Uma das vias descritas consiste numa extração sem células em solução aquosa, em que o anel de lactona se encontra na sua forma aberta (Kimura *et al.*, 1990). Outro método envolve a utilização de éteres de sililo (Manzoni *et al.*, 2002). Ao inibir a transformação da HMG-CoA em mevalonato, a biossíntese dos dois principais produtos a jusante do mevalonato, a produção de colesterol e a síntese de isoprenóides, é influenciada.

A lovastatina (ou mevinolina, monacolina K e Mevacor, Merck) contém uma cadeia lateral metilbutírica (RI) e um grupo metil 6-a (R2). Foi demonstrado que as terapias com lovastatina reduzem significativamente os eventos cardiovasculares, incluindo enfarte do miocárdio, acidente vascular cerebral e morte, alterando o desenvolvimento da aterosclerose vascular em doentes com ou sem sintomas de doença arterial coronária (Alberts *et al.*, 1980, Goldberg *et al.*, 1990).

Verificou-se que vários fungos, como as *espécies Aspergillus, Monascus, Paecilomyces viridis* e *Penicillium*, produzem lovastatina (Manzoni *et al.*, 2002). O crescimento filamentoso descontrolado ocorre quando se utilizam substratos rapidamente metabolizados. O rápido aumento da viscosidade acompanhado pelo crescimento filamentoso impede grandemente a transferência de oxigénio, o que explica os baixos títulos de lovastatina. A lovastatina derivada da fermentação é um precursor da sinvastatina, uma potente estatina semi-sintética disponível comercialmente como Zocor™. A sinvastatina foi obtida através de uma desacilação enzimática selectiva da lovastatina (Alberts *et al.*, 1980). Um método alternativo para a síntese de lovastatina foi a via semi-sintética, em que a síntese ocorre através da esterificação enzimática regiosselectiva do ácido 2-metilbutírico e de um precursor de diol lactona. O método tem a vantagem potencial de permitir a síntese de diferentes análogos da lovastatina a partir do mesmo precursor de lactona, utilizando diferentes ácidos carboxílicos. A lovastatina também inibe o crescimento tumoral através da inibição da síntese de isoprenóides não esterol.

Vários modos de Fermentação

A fermentação em descontínuo submersa da produção de lovastatina foi registada em várias literaturas e a produção comercial de lovastatina baseia-se na fermentação em descontínuo de Aspergillus terreus e a maior parte da literatura trata desta espécie (Manzoni *et al.,* 2002). As fermentações *de Aspergillus terreus* foram normalmente efectuadas a 28°C e a pH 5,8-6,3. O nível de oxigénio dissolvido é controlado a 40% da saturação do ar. A fermentação em lote decorre geralmente durante menos de dez dias. Nalguns casos, o crescimento em pellets de *A. terreus* produziu títulos de lovastatina mais elevados do que os obtidos com o crescimento filamentoso. A composição do meio de fermentação influencia o fornecimento de nutrientes e o metabolismo das células no bioreactor e, por conseguinte, a produtividade do processo de fermentação depende do meio de cultura utilizado. Dos principais nutrientes de cultura, as fontes de carbono e azoto desempenham geralmente um papel dominante na produtividade da fermentação porque estes nutrientes estão diretamente ligados à formação de biomassa e metabolitos (Kumar *et al.,* 2000). Além disso, a natureza e a concentração das fontes de carbono podem regular o metabolismo secundário através de fenómenos como a repressão catabólica. A metodologia de superfície de resposta (RSM) também foi adaptada para identificar o impacto da composição do meio na produção de lovastatina com *A. terreus* de alta produção.
Foi estudado o efeito de diferentes concentrações de várias fontes de carbono e azoto e foi registado um efeito interativo significativo dos constituintes do meio nos títulos de lovastatina (Lopez *et al.,* 2003). A técnica RSM foi utilizada para otimizar o meio de cultura para a produção de lovastatina a partir de *Monascus ruber* (Sayyad *et al.,* 2007). Não existem relatórios sobre quaisquer efeitos interactivos do oxigénio dissolvido e dos outros nutrientes na produção de lovastatina. As fermentações em regime de batelada alimentada de *A. terreus* foram investigadas para a produção de lovastatina e diz-se que são superiores às culturas em batelada, devido à inibição retroactiva do produto para a sua própria síntese. Foram desenvolvidos processos de fermentação submersa para a produção de lovastatina em grande escala utilizando A.terreus e outras espécies (Lopez *et al.,* 2004). A fermentação em estado sólido utiliza substratos económicos (resíduos agrícolas), requer menos fases de processamento e de escoamento, utiliza menos energia e gera menos efluentes. Além disso, a SSF tem um maior rendimento do produto e oferece uma melhor estabilidade do produto. Por estas razões, a fermentação em estado sólido foi utilizada principalmente para a produção de enzimas industriais, mas atualmente também está a ser explorada para a produção de metabolitos secundários. No entanto, não existe qualquer discussão na literatura sobre a forma como a concentração de lovastatina pode afetar a sua própria síntese por *A.terreus.* A inibição da fermentação do produto é uma influência crucial em muitos processos industriais, mas não foi documentada para a produção de lovastatina (Garrett *et al.,* 2007).

As investigações sobre a biotransformação das estatinas foram efectuadas em^{14} C marcadas com monacolina J e L, utilizando uma estirpe de *Monascus ruber,* sugerindo que estes compostos são precursores da lovastatina e, consequentemente, podem ser classificados como metabolitos intermédios isolados na via biossintética da lovastatina (Endo *et al.,* 1985b). Experiências subsequentes utilizando o extrato isento de células de *M.ruber* e células vivas de *Paecilomyces viridis* demonstraram a transformação da monacolina J (Kimura *et al.,* 1990). Além disso, uma combinação de técnicas físicas indica que a monacolina M deriva da monacolina J, *através de* uma via que é bastante distinta da utilizada para a síntese da lovastatina, o éster a-metilbutiril da monacolina J (Endo *et al.,* 1986).

Vias bioquímicas da síntese da lovastatina

A partir de uma visão geral dos primeiros estudos biogenéticos efectuados sobre as monacolinas, é possível demonstrar que a monacolina L é a primeira a ser sintetizada a partir de nove moléculas de acetato e é, por sua vez, convertida em monacolina J por hidroxilação; a monacolina K é depois derivada da monacolina J. A monacolina X, o éster a-metil-P-cetobutiril da monacolina J, é convertida em lovastatina, enquanto é acumulada em culturas de estirpes mutantes que não produzem quantidades detectáveis de lovastatina (Endo *et al.,* 1986). A investigação da biogénese da lovastatina, efectuada principalmente em estirpes *de Asperrgillus terreus*, utilizando precursores marcados, indicou que a via biossintética da lovastatina começa a partir de unidades de acetato (4 e 8 carbonos de comprimento) ligadas entre si de forma direta para formar duas cadeias de policetídeos. O grupo metilo presente em algumas estatinas, na cadeia lateral ou em C6, deriva da metionina, como ocorre frequentemente no metabolismo fúngico, e é inserido na estrutura antes do fecho dos anéis. Em seguida, a cadeia principal é ciclizada e, em algumas estatinas, esterificada por uma cadeia lateral em C8. Os átomos de oxigénio presentes na cadeia principal são inseridos posteriormente por oxidação aeróbica utilizando precursores desoxigenados (Alberts *et al.,* 1980, Moore *et al.,* 1985). Estudos sobre a incorporação de C na lovastatina efectuados com estirpes *de Penicillium citrinum* e *Monascus ruber* indicaram uma via semelhante, tendo sido também observada hidroxilação enzimática e subsequente esterificação em C8 (Endo *et al.,* 1985b).

Mais recentemente, foram efectuadas investigações sobre a cinética enzimática, bem como sobre a regulação e expressão dos genes envolvidos na biossíntese da lovastatina *em A.terreus*. A investigação genética investigou os mecanismos envolvidos na biossíntese da lovastatina, particularmente no que diz respeito às duas cadeias de policetídeos. Os resultados, incluindo a caraterização de mutantes *de A. terreus* bloqueados pela lovastatina, mostraram que o sistema policetídeo sintase multifuncional (PKSs) compreende uma lovastatina não-cetídeo sintase (LNKS) envolvida na ciclização da cadeia policetídea principal, para formar o sistema de anel hexa-hidro naftaleno, e uma lovastatina di-cetídeo sintase (LDKS) envolvida na transferência da cadeia lateral metilbutiril para a monacolina J. O estudo da estrutura primária da PKS que forma o nonacetídeo da lovastatina forneceu novos pormenores sobre a biossíntese da lovastatina. Foram investigados outros aspectos da biossíntese da lovastatina relacionados com as PKS. O LNKS, produto do gene lovB, interage com o lovC (uma enoil redutase putativa), para catalisar as reacções na primeira parte da via biossintética, conduzindo à di-hidromonacolina L. Na etapa final da via da lovastatina, o LDKS, produzido por lovF, interage com lovD (enzima transesterase) que catalisa a ligação do ácido 2-metilbutírico à monacolina J, derivada da monacolina L. Foram elucidadas as principais caraterísticas dos genes que codificam estas enzimas e os factores reguladores da produção de lovastatina em A. terreus (Kennedy *et al,* 1999, Hutchinson *et al.,* 2000).

Um fecho endo intramolecular de Diels-Alder do hexacetídeo, para formar um sistema bicíclico, com a mesma estereoquímica do anel da dihidromonacolina L, catalisado por LNKS purificada de *Aspergillus*
mdulans foi recentemente demonstrado. Finalmente, numa estirpe de *A. terreus*, na qual o gene lovC foi interrompido, foram investigadas as etapas pós-PKS (pós-policetídeo sintase) envolvidas na biossíntese da lovastatina. Os resultados demonstraram que o papel da proteína lovC é assegurar a montagem correta da cadeia não-cetídica na lovastatina pela proteína lovB. Em contrapartida, a construção da cadeia lateral do metilbutirato pela LDKS (proteína lovF) não necessita da proteína lovC. O estudo também demonstrou que a proteína lovC não tem qualquer função detetável no

processamento pós-PKS da di-hidromonacolina L. Os recentes avanços na clonagem de genes permitiram a identificação da maioria das enzimas envolvidas na biossíntese da lovastatina e confirmaram as vias biossintéticas postas em hipótese em investigações anteriores (Auclair *et al.*, 2001, Sutherland *et al.*, 2001).

Produção de lovastatina

As investigações efectuadas desde a década de 1970 indicaram a possibilidade de obter uma vasta gama de lovastatina como produtos finais e intermédios do metabolismo microbiano secundário, ou como produtos de processos de biotransformação. Só foram desenvolvidos processos em grande escala para algumas das lovastatinas descritas na literatura. Para outras moléculas, a investigação está ainda em curso e, por conseguinte, muito suscetível de desenvolvimento futuro. A lovastatina foi a primeira estatina a ser aprovada pela Food and Drug Administration, Estados Unidos (1987) e disponibilizada no mercado farmacêutico como medicamento anticolesterolémico (Tobert, 1987). No entanto, a mevastatina foi a primeira estatina descoberta. A lovastatina (denominada mevinolina) foi mais tarde obtida a partir de uma estirpe isolada do solo e classificada como A. terreus no CIBE
Laboratories em Madrid (Espanha) (Alberts *et al.*, 1980) e é também obtida a partir de M. ruber (denominada monacolina K). Alguns anos mais tarde, a lovastatina foi também obtida a partir de 17 estirpes de diferentes espécies de 124 estirpes testadas do género *Monascus,* em particular *M. ruber, M. purpureus, M. pilosus, M. vitreus* e *M. pubigerus* (Negishi *et al.*, 1986). O género *Monascus,* em particular as espécies *M. anka* e *M. purpureus,* é tradicionalmente utilizado nos países asiáticos como "koji vermelho" para a produção de alimentos fermentados (arroz com levedura vermelha) e bebidas, bem como para a produção de corantes vermelhos. As estirpes produtoras de lovastatina são, pelo contrário, geralmente fracas produtoras de pigmentos vermelhos e apresentam uma temperatura óptima para a produção de lovastatina de cerca de 25°C. A produtividade da lovastatina falhou e não se observou qualquer aumento dos pigmentos vermelhos quando se utilizou a temperatura para a produção de koji (30-37°C) (Negishi *et al.*, 1986, Juzlova *et al.*, 1996). Os estudos sobre a síntese e a caraterização dos compostos relacionados com a lovastatina indicaram que era possível obter várias monacolinas, principalmente a partir de *estirpes de Monascus.* As monacolinas J e L foram isoladas e caracterizadas a partir de culturas de uma estirpe *de M. ruber* (Endo *et al.*, 1985). Em 1985, Endo comunicou a produção e atividade de dihidromonacolina L e monacolina X a partir de uma estirpe mutante de M. ruber (Endo, 1980). Foi também obtida uma série de estatinas por modificação química da cadeia lateral C8 na molécula de lovastatina e foi também efectuada uma avaliação sistemática das relações estrutura-atividade dos compostos obtidos. Uma das moléculas obtidas, a sinvastatina, foi considerada uma molécula semi-sintética com aplicações práticas (Endo *et al.*, 1979, Hsu *et al.*, 1983). Foram efectuados estudos de biotransfonnação da lovastatina para obter novas e potentes estatinas (Terahara *et al.*, 1982).

O processo industrial para a produção de lovastatina foi criado em 1980, utilizando uma estirpe *de A. terreus* (Mevacor, Merck). O desenvolvimento do processo envolveu a análise de diferentes parâmetros de fermentação, como a homogeneidade da cultura, o efeito de várias fontes de carbono, o pH, o arejamento e a conceção do agitador. O reisolamento da estirpe produtora, juntamente com o controlo do pH e a utilização lenta da fonte de carbono, em particular o glicerol, produziu um aumento de cinco vezes (cerca de 200 U/l. unidades arbitrárias) em relação à produtividade inicial da lovastatina. O aumento de escala do processo, de 800 1 para 19 000 1, revelou que a transferência de oxigénio, relacionada com a elevada viscosidade do caldo de fermentação, é um fator limitante grave da produtividade da lovastatina. Esta limitação foi ultrapassada através da instalação de um impulsor mais eficiente, com maior impulso hidrodinâmico e uma redução da potência necessária, 66% da potência da turbina padrão de Rushton (Buckland *et al.*, 1989).

O grupo Metkinen (produtor original de lovastatina) aumentou a produção de lovastina por estirpes *de A. terreusKVCC* 20542 para atingir 7-8gm/l, utilizando procedimentos de mutagénese e a experiência adquirida no programa de desenvolvimento de melhoria de processos. A Biocon (Biocon India, Bangalore, Índia) é uma das empresas que obtiveram a aprovação da FDA dos EUA para a produção de lovastatina (janeiro de 2001), tendo-a patenteado em junho de 2001. O processo de produção de lovastatina da empresa baseia-se numa tecnologia de fermentação patenteada, o Plafactor, um bioreactor de matriz sólida de grande escala. Este novo bioreactor tem as vantagens do substrato sólido e da fermentação submersa e permite reduzir os problemas de processamento a jusante durante a extração do produto (Suryanarayan *et al.*, 2001).

A produção de biomassa e lovastatina por fermentação submersa iniciada por esporos de *Aspergillus terreus* ATCC 20542 foi estudada e demonstrou que a produção depende da idade dos esporos utilizados para inoculação e o título de lovastatina foi de 186+20,lmg/1 para uma idade de esporos de 16 dias. O tempo para a esporulação em culturas de superfície foi sensível ao historial de exposição à luz do fungo e aos níveis de concentração de inoculação de esporos (Porcel *et al.*, 2006).

As condições de fermentação optimizadas aumentaram o título de lovastatina em quatro vezes em comparação com o pior cenário dentro da gama de factores e este estudo também investigou que o meio de cultura tinha excesso de carbono mas quantidades limitantes de fonte de azoto para uma melhor produtividade. Este estudo utilizou a análise estatística para documentar as interações entre o fornecimento de oxigénio e as concentrações de nutrientes na produção de lovastatina. O desenho Box-Behnken foi utilizado para identificar o teor de oxigénio na fase gasosa como o principal fator que influencia a produção de lovastatina. Tanto a limitação como o excesso de oxigénio reduziram os títulos de lovastatina (Lopez *et al.*, 2004).

$_2$Na fermentação em descontínuo, a biossíntese da lovastatina com *Aspergillus terreus* atingiu 160 U/l em 161 horas a pH 6,8 e uma tensão de O dissolvido mantida a 70% e o rendimento da lovastatina produzida em fermentações em descontínuo alimentadas repetidamente foi aumentado em 37%, embora isto tenha levado mais do dobro do tempo da fermentação em descontínuo. A acumulação de lovastatina suprime a sua própria síntese no microfungo *Aspergillus terreus* através de um mecanismo de regulação retroactiva, pelo que o produto foi continuamente removido do meio de produção. A cultura submersa de uma estirpe de alto rendimento de *Aspergillus terreus* para a produção de lovastatina no processo descontínuo teve um sucesso limitado com um título máximo de 1270 mg/l em 288 horas e uma produtividade volumétrica global de 4,41 mg/l/h num bioreactor de 1000 litros. Um processo económico de repetição de lotes alimentados com maltodextrina e licor de milho como fontes de carbono e azoto, respetivamente, mostrou um aumento significativo na produção de lovastatina. O título final foi de 2200 mg/1 em 288 horas de fermentação, com uma produtividade volumétrica global de 7,64 mg/l/h, mostrando um aumento de 73% em relação ao processo descontínuo. A taxa máxima de absorção específica de oxigénio e o coeficiente volumétrico de transferência de massa (K_L a) foram de 0,24 m mol de O_2 por g de peso de células secas por h e 280 por h, respetivamente, no processo em descontínuo alimentado. A homogeneidade e a estabilidade de uma estirpe de *Aspergillus terreus* de elevada produção, a taxa de utilização da fonte de carbono, o controlo do pH e um elevado nível de tensão de O_2 dissolvido (DOT) são de importância essencial para uma elevada produção de lovastatina. Na fonte de carbono, o glicerol melhorou a produção de lovastatina em 30% do que a glucose (Novak *et al.*, 1997).

Entre as várias fontes de azoto orgânicas e inorgânicas definidas metabolizadas por *A. terreus,* o glutamato e a histidina deram o nível mais elevado de biossíntese de lovastatina. Nas culturas em glucose e glutamato, a síntese de lovastatina começou quando o consumo de glucose estabilizou. Quando *A. terreus* foi cultivado em lactose, a produção de lovastatina iniciou-se na presença de lactose residual. Os resultados experimentais mostraram que a privação de fontes de carbono é necessária para além do alívio da repressão da glucose, enquanto o glutamato não reprimiu a biossíntese (Sayyad *et al.*, 2007).

Uma cultura de *Aspergillus terreus* hiperprodutora de lovastatina demonstrou produzir vários co-metabolitos extraídos do caldo inteiro.
O co-metabolito predominante foi a benzofenona, a sulocrina, que se diz ser proveniente de uma via biossintética de policetídeos. Este composto foi alvo de supressão por mutagénese clássica e rastreio, o que dá origem a uma maior produção de lovastatina do que dos seus co-metabolitos (Vinci *et al.*, 1991). Foram analisados cinco parâmetros nutricionais utilizando o desenho experimental Plackett-Bunnan e foram optimizados pelo desenho fatorial Box-Behnken da metodologia de superfície de resposta para a produção de lovastatina em culturas em frasco agitado por *M.purpureus* MTCC 369. Previu-se uma produção máxima de lovastatina de 351 mg/l em meio contendo 29,59 gm/l de dextrose, 3,86 gm/l NH_4 Cl, 1,73 gm/l KH2PO4, 0,86 gm/l $MgSO_4$.$7H_2$ O, e 0,19 gm/l $MnSO_4$ .H_2 O utilizando a metodologia de superfície de resposta (Sayyad *et al.*, 2007).

A produção de lovastatina e de biomassa microbiana por *Aspergillus terreus* ATCC 20542 foi estudada e a produção foi influenciada pelo tipo de fonte de carbono (lactose, glicerol e frutose) e pela fonte de azoto (extrato de levedura, licor de milho e farinha de soja) utilizados e pela relação C: N em massa no meio. A utilização de uma fonte de carbono de metabolização lenta (lactose) em combinação com farinha de soja ou extrato de levedura em condições de limitação de N produziu os títulos mais elevados e a produtividade específica da lovastatina. O valor máximo do coeficiente de rendimento da lovastatina na biomassa foi de 30 mg/gm utilizando os meios lactose/farinha de soja e lactose/extrato de levedura. O rácio inicial ótimo de massa C: N para atingir uma produtividade elevada de lovastatina foi de 40. O comportamento da fermentação não foi afetado pelo método de inoculação (esporos fúngicos ou hifas) utilizado, mas a utilização de esporos proporcionou inóculos mais consistentes nas diferentes séries (Lopez *et al.*, 2003).

A qualidade do produto e os elevados rendimentos de metabolitos secundários são os principais objectivos para o sucesso comercial de um processo de fermentação. Foi utilizada uma nova abordagem baseada no algoritmo da árvore de decisão para determinar as variáveis-chave correlacionadas com o resultado do processo e na DOSY-NMR para identificar co-metabolitos e impurezas, o que melhora os sistemas de fermentação e acelera o desenvolvimento de bioprocessos. A abordagem foi validada no caso da produção de lovastatina a partir de *Aspergillus terreus* e demonstrou que a espetroscopia de ressonância magnética nuclear aumentou a velocidade e a produtividade de um processo de fermentação, reduzindo as experiências de verificação em grande escala e o custo das etapas de purificação; além disso, esta abordagem permite monitorizar e garantir a validação química do produto adequado para utilizações farmacológicas (Bradamante *et al.*, 2002).

Foi demonstrado que uma estratégia de alimentação em duas fases melhora a taxa de produção de lovastatina em mais de 50% quando comparada com a fermentação convencional em descontínuo por *Aspergillus terreus.* A estratégia de alimentação consistiu numa fase inicial em descontínuo/em regime de descontínuo e numa fase semi-contínua de diluição da cultura com retenção de biomassa granulada num reator de coluna de bolhas de lama. A fase descontínua serviu apenas para acumular a biomassa para a produção de lovastatina, um metabolito secundário que inibe a sua própria síntese no microfungo produtor. A fase de diluição semi-contínua forneceu nutrientes para sustentar o fungo, mas impediu o crescimento da biomassa ao limitar o fornecimento de azoto essencial. A morfologia preferida de crescimento granulado que favorece a síntese de lovastatina foi facilmente obtida e mantida no reator de coluna de bolhas. Em contraste, a fermentação em tanque agitado teve uma produção substancialmente menor de lovastatina porque a agitação mecânica danificou os pellets fúngicos (Porcel *et al.*, 2007).

Lovastatina como agente hipocolesterolémico

A lovastatina (Lvs) actua como um potente inibidor competitivo da 3-hidroxi-3-metilglutaril-CoA (HMG-CoA) redutase, uma enzima microssomal que catalisa a conversão da HMG-CoA em mevalonato. Como tem um papel crucial e significativo na síntese e regulação da síntese do colesterol, é um alvo racional para a intervenção farmacológica.

Figura-11: Mecanismo de ação da Lovastatina como agente hipocolesterolémico

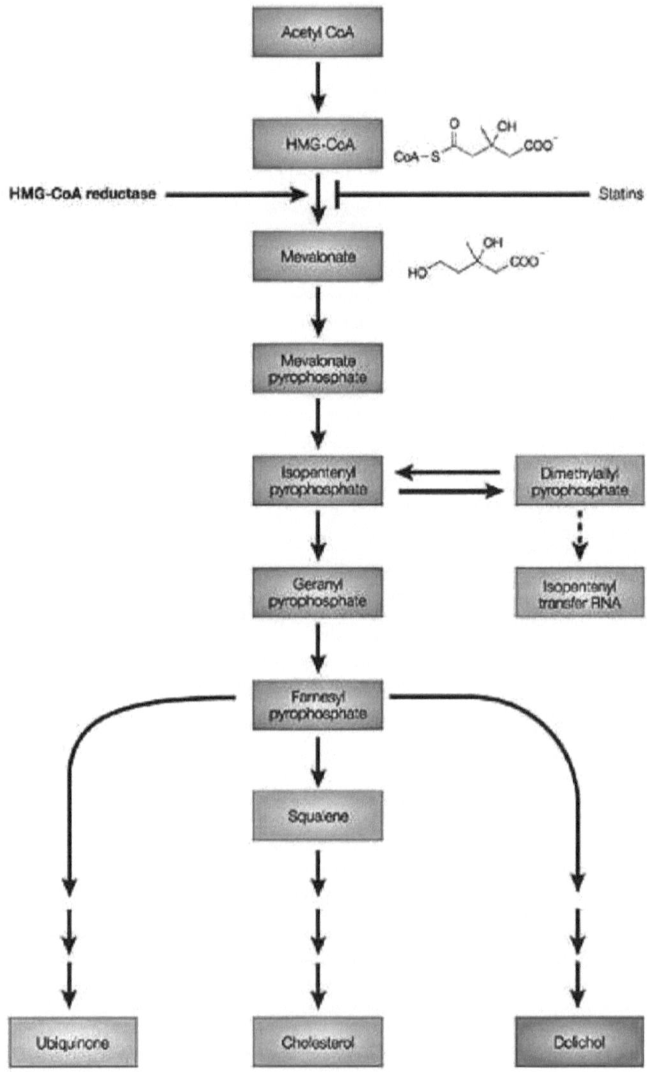

Fermentação em estado sólido (SSF)

A fermentação em estado sólido (SSF) é definida como o crescimento de micróbios sem fase aquosa de fluxo livre. A SSF é uma alternativa à fermentação submersa para a produção de produtos de valor acrescentado, como antibióticos, proteínas unicelulares, ácidos gordos polinsaturados, enzimas, ácidos orgânicos, biopesticidas, biocombustíveis e produção de aromas. As vantagens da SSF em vários processos são maiores do que na fermentação submersa. Esta técnica não só diminui o custo do processo como também torna o produto mais barato para os consumidores.

O interesse na SSF advém da sua simplicidade e proximidade das condições naturais de crescimento de muitos microrganismos, especialmente fungos, e também oferece uma oportunidade para explorar resíduos agro-industriais como matérias-primas para a produção de produtos industrialmente relevantes e de valor acrescentado.

Vantagens económicas e industriais da SSF

A fermentação em estado sólido oferece as seguintes vantagens,

1. Menor risco de contaminação,
2. Menor necessidade de energia,
3. Baixo custo e
4. A elevada concentração da formação do produto.

Dosagem de lovastatina

Numa dose de 20 mg duas vezes por dia, a lovastatina reduziu o nível de colesterol LDL em 25-30%, e numa dose de 40 mg duas vezes por dia, reduziu os níveis em 35-40%. Como o corpo produz colesterol principalmente durante a noite, a lovastatina é normalmente tomada após o jantar ou durante a noite. As doses mais elevadas podem ser fraccionadas e tomadas uma vez de manhã e outra à noite.

Aplicações biomédicas específicas da Lovastatina Lovastatina na doença coronária (CHD)

As estatinas são o tratamento de eleição para a gestão da hipercolesterolemia devido à sua eficácia e perfil de segurança comprovados e podem exercer efeitos anti-ateroscleróticos. Uma vez que o metabolismo da lovastatina gerou uma série de isoprenóides vitais para diferentes funções celulares - desde a síntese do colesterol até ao controlo do crescimento e diferenciação celular, a inibição da HMG-CoA redutase tem efeitos pleiotrópicos benéficos (Gibbons *et al.,*2003Consequentemente, as lovastatinas reduzem significativamente a incidência de eventos coronários, tanto na prevenção primária como secundária, sendo os compostos hipolipidémicos mais eficazes que têm reduzido a taxa de mortalidade em doentes coronários. Ensaios clínicos em grande escala demonstraram que as estatinas reduzem substancialmente a morbilidade e a mortalidade relacionadas com o risco cardiovascular em doentes com e sem doença coronária. Estudos observacionais demonstraram um aumento do risco de acidente vascular cerebral hemorrágico com níveis baixos de colesterol. Sugere-se que o baixo nível de colesterol pode predispor ao AVC hemorrágico ao contribuir para o enfraquecimento do endotélio das pequenas artérias cerebrais.A lovastatina melhora basicamente a função endotelial, modula as respostas inflamatórias, mantém a estabilidade da placa e previne a formação de trombos, com os quais todos os tipos de doenças relacionadas com as artérias podem ser curadas e foi sugerido que a consequência da contração do núcleo lipídico da placa aterosclerótica, evitando a rutura da placa que, de outra forma, desencadearia hemorragia intramural e trombose intraluminal (Palmer *et al,* 1990,Pickin *et al.,* 1999).

Lovastatina como agente redutor do colesterol

O colesterol é sintetizado no fígado e as estatinas actuam principalmente através da inibição de uma enzima envolvida na sua síntese (Alberts *et al.*, 1980). A lovastatina tem uma estrutura anelar hidrofóbica ligada covalentemente ao análogo do substrato, que se liga à enzima redutase e inibe a síntese do colesterol.Este passo limitador da taxa de biossíntese do colesterol é bloqueado pelas estatinas, que também reduzem o nível de LDL, que causa aterosclerose, e aumentam o nível de HDL, que actua como colesterol bom, e evitam a formação de lesões na artéria, o que leva a um estreitamento da circulação sanguínea através das artérias, mas o mecanismo é desconhecido (Goldberg *et al.,1990).*

Lovastatina para a doença de Alzheimer (DA)

Observou-se que o tratamento com lovastatina reduz a prevalência da doença de Alzheimer em doentes com hipercolesterolemia. Muitos dos factores de risco conhecidos para a doença de Alzheimer estão associados ao metabolismo do colesterol. Doses mais elevadas de lovastatina inibem a biossíntese do colesterol, bloqueando a formação de mevalonato, e reduzem a progressão da doença de Alzheimer.

Os mecanismos pelos quais a lovastatina ou os níveis de colesterol exercem a sua influência são desconhecidos. O processamento alternativo da proteína precursora da amiloide (APP) no cérebro de doentes com doença de Alzheimer leva à produção da proteína amiloide-beta neurotóxica (Ab), um fator causal da patologia da doença de Alzheimer (Ohm e Meske, 2006).Estas descobertas levaram a ensaios clínicos prospectivos de estatinas redutoras de colesterol em doentes com doença de Alzheimer, apesar de muitos estudos não apoiarem os níveis elevados de colesterol no soro e no cérebro como um fator de risco para a doença de Alzheimer. Vários estudos demonstraram que a clivagem da APP pode ser modulada através da alteração dos níveis de colesterol na membrana in vitro (Eckert *et al.,2005).*

Lovastatina com atividade anti-inflamatória

As estatinas estão a ser cada vez mais utilizadas no tratamento de complicações metabólicas pós-transplante em receptores de transplantes de órgãos sólidos. Para além de melhorarem a dislipidemia, as estatinas têm também múltiplos efeitos não-lipidémicos. No que diz respeito à sépsis ou infeção, estes agentes modificam as cascatas inflamatórias através de acções pleiotrópicas a vários níveis e exibem actividades contra bactérias oportunistas, fungos e vírus que causam infecções graves em receptores de transplantes de órgãos sólidos.

Têm também interações sinérgicas com agentes antimicrobianos. Em doentes que não receberam um transplante, as estatinas demonstraram efeitos salutares pleiotrópicos para além dos seus atributos de redução dos lípidos (Paraskevas *et al.*, 2007). Vários estudos demonstraram os efeitos benéficos das estatinas em doentes não transplantados com sépsis ou infeção (Gao *et al.*, 2008).

Por conseguinte, o efeito das estatinas nas infecções e nos agentes patogénicos oportunistas é uma verdade em aberto. Modelos animais e humanos de inflamação e sépsis ilustraram os efeitos das estatinas a vários níveis da cascata inflamatória, que incluem modificações das acções anti-inflamatórias, ativação da hemoxigenase, interferência na interação leucócito-endotelial e inibição do complexo II de histocompatibilidade major (Terblanche *et al.*, 2007). Num estudo clínico, os doentes que receberam estatinas tiveram uma mortalidade global e atribuível significativamente mais baixa associada a infecções bacterianas causadas por *bacilos* gram-negativos e *Staphylococcus aureus* do que os que não receberam estatinas (Liappis *et al.*, 2001, Pruefer *et al.*, 2002).

Lovastatina no tratamento da doença renal

Os inibidores da HMG-CoA redutase podem proporcionar proteção contra doenças renais caracterizadas por inflamação e aumento da proliferação de células epiteliais que ocorrem na glomerulonefrite rapidamente progressiva ou pelo aumento da proliferação de células mesangiais que ocorrem na nefropatia por IgA.Os mecanismos subjacentes à ação das estatinas ainda não são conhecidos, embora dados recentes da literatura indiquem que podem afetar diretamente o equilíbrio entre a proliferação e a apoptose, a regulação negativa das quimiocinas inflamatórias e as mensagens citogénicas mediadas pela proteína G e pela superfamília Ras.A lovastatina pode influenciar diretamente as vias de sinalização intracelular envolvidas na prenilação de proteínas de baixo peso molecular que desempenham um papel crucial na transdução de sinais celulares e na ativação celular. No que diz respeito às doenças renais, a terapêutica com lovastatina demonstrou prevenir o declínio da depuração da creatinina e retardar a perda de função renal, particularmente no caso da proteinúria, e o seu efeito favorável pode depender apenas parcialmente da atenuação da hiperlipidemia (Beumi *et* tz/,,,2002).

Lovastatina e cancro

Em culturas primárias de células de glioblastoma humano, a lovastatina está associada à redução da proliferação e da migração, pelo que as proliferações das células cancerosas são inibidas pela lovastatina, mas a inibição do crescimento celular pela lovastatina pode ser independente da função Ras. As células de glioma C6, quando tratadas com lovastatina, o geranilgeraniol livre supera a paragem da proliferação celular, ao passo que o efeito de recuperação é significativamente menor com o famesol (Crick *et al.,* 1998, Xia *et* al., 2001).

Lovastatina utilizada no tratamento de fracturas ósseas

Uma das tendências recentes é o tratamento de fracturas ósseas com lovastatina (Garrett *et al.,* 2007). A lovastatina estimula a formação óssea *in vitro* e *in vivo* quando administrada em grandes doses ou através de infusões prolongadas, estimula a resistência biomecânica de murinos de ossos longos com fracturas em consolidação. No entanto, a administração de lovastatina em doses orais elevadas ou infusões prolongadas no local da fratura não é uma abordagem terapêutica viável para acelerar a consolidação de fracturas humanas. A lovastatina em nanobeads de polímero biodegradável de ácido poliláctico-co-glicolídeo para determinar se a lovastatina administrada em doses baixas em nanopartículas de um suporte terapeuticamente aceitável pode aumentar as taxas de consolidação num modelo pré-clínico padrão de fratura do fémur. Alguns estudos pré-clínicos sugeriram que a lovastatina administrada numa preparação de nanobead pode ser terapeuticamente útil para acelerar a reparação de fracturas humanas (Garrett *et al.,*2007Garrett *et* a/.,(2007) descobriram que estas nanobeads estimulavam a formação óssea *in vitro* a 5mg/ml, aumentavam as taxas de consolidação das fracturas do fémur quando administradas como injeção única no local da fratura e diminuíam o intervalo entre as fracturas corticais ao fim de quatro semanas, tal como avaliado por tomografia microcomputada. Estes estudos pré-clínicos sugeriram que a lovastatina administrada numa preparação de nanobeads pode ser terapeuticamente útil para acelerar a reparação de fracturas humanas (Garrett *et al.,2007).*

A lovastatina aumenta a depuração das células apoptóticas

As amplas propriedades anti-imploratórias das estatinas (Schonbeck *et al.,* 2004) baseiam-se, em grande parte, na sua capacidade de bloquear a prenilação das RhoA GTP ases, incluindo a RhoA. A fagocitose de células apoptóticas (eferocitose) é um regulador essencial da inflamação, que é inibido pela RhoA. O efeito da lovastatina na eferocitose foi investigado em macrófagos humanos primários, no pulmão murino e em macrófagos alveolares humanos retirados de doentes com doença pulmonar obstrutiva crónica. A lovastatina aumentou a eferocitose in vitro de uma forma dependente da 3-hidroxil-3-metilglutaril coenzima A (HMG-CoA) redutase (Konosuke *et al.,2006).* A lovastatina actuou inibindo tanto a geranilgeranilação como a farnesilação, e não alterando a expressão dos receptores de captação chave ou aumentando a ligação das células apoptóticas aos fagócitos. A lovastatina exerceu um efeito positivo na eferocitose através da inibição da RhoA, porque (i) diminuiu a localização membranar da RhoA em maior grau do que a Rac-1, (ii) impediu a eferocitose prejudicada pelo ácido lisofosfatídico, um potente indutor da RhoA.

Os defeitos na depuração de células apoptóticas são cada vez mais reconhecidos em doenças de inflamação crónica (Vandivier *et al.*, 2002) e autoimunidade (Bratton *et al.*, 2005), sugerindo que uma eferocitose eficaz pode ser necessária para a manutenção da homeostase. Este conceito baseou-se no papel da eferocitose na supressão da resposta imunitária inata (Fadok *et al.*, 1998) e adaptativa (Hoffmann *et al.*, 2005) e na remoção de auto-antigénios (Charles, 2003). Este conceito não é novo, uma vez que, há mais de 100 anos, Metchnikoff (Tauber, 2003) reconheceu este processo de remoção e a sua importância para a homeostasia, que designou por "inflamação fisiológica". Por conseguinte, as terapias que aumentam a eferocitose podem oferecer um benefício terapêutico único, especialmente se a eferocitose deficiente for um fator determinante da patogénese da doença. Os resultados de konosuke *et al.* (2006) indicam que a lovastatina aumenta a eferocitose in vitro e in vivo. O efeito da lovastatina na eferocitose depende da sua capacidade de inibir a HMG-CoA redutase, de diminuir os substratos de prenilação e de alterar o equilíbrio das Rho GTPases. A lovastatina pode ter potencial terapêutico em doenças inflamatórias crónicas com comprometimento da eferocitose, uma vez que reverte o comprometimento da eferocitose *in vitro* e *in vivo* e aumenta a eferocitose por macrófagos alveolares de doentes com DPOC.

Até 2% das proteínas celulares expressas são preniladas e foram identificadas mais de 150 proteínas preniladas (Grunler *et al.*, 1994), o que sugere que o efeito das estatinas na eferocitose é provavelmente complexo. Os resultados de konosuke *et al.*, 2006, indicam que a lovastatina aumentou a eferocitose *in vitro,* em parte, alterando o equilíbrio membranar de RhoA e Rac-1, dois reguladores-chave da eferocitose. A geranilgeraniltransferase I preniliza tanto a RhoA como a Rac-1, mas a lovastatina suprimiu a localização membranar da RhoA em maior grau do que a da Rac-1. A(s) razão(ões) para este efeito desproporcionado não é clara, mas sugere que a cinética da enzima favorece a prenilação de Rac-1 em vez de RhoA. Como a lovastatina aumentou a eferocitose após 5 dias de tratamento, o efeito parece ser sustentado. As explicações possíveis para este efeito prolongado incluem: 1) a geranilgeraniltransferase I pode prenilar a Rac-1 mais eficientemente do que a RhoA, ou 2) a prenilação da Rac-1 pode ser menos dependente do substrato. Durante o tratamento com lovastatina, seria de esperar que os substratos de prenilação (GGPP ou FPP) estivessem presentes em pequenas quantidades devido ao bloqueio incompleto da HMG-CoA redutase ou devido à atividade da via de recuperação (Crick *et al.*, 1997). Em alternativa, 3) a semi-vida da Rac-1 prenilada pode ser mais longa do que a da RhoA prenilada. Esta possibilidade é menos provável, porque a lovastatina aumentou a eferocitose até 5 dias após o tratamento. Os seus dados sugerem que as proteínas famesiladas podem regular negativamente a eferocitose, porque a inibição da farnesiltransferase aumentou modestamente a eferocitose, e a repleção de FPP inverteu a eferocitose aumentada pela lovastatina. A RhoB é um candidato atrativo para este efeito, porque é tanto farnesilada como geranilgeranilada (Adamson *et al.*, 1992) e desempenha um papel conhecido na fagocitose de Pneumocystis (Zhang *et al.*, 2005). Ainda não foi determinado se os inibidores da farnesiltransferase também alteram o equilíbrio para a produção de outras proteínas geranilgeraniladas que poderiam aumentar a eferocitose, como Rac-1, Cdc42 ou RhoG (deBakker et al., 2004).

A evidência crescente de modelos animais indica que as estatinas podem ter um papel no tratamento de doenças pulmonares inflamatórias, incluindo lesão pulmonar aguda (Fessler *et al.*, 2005), asma (Mckay *et al.*, 2004) e enfisema (Lee *et al.*, 2005). As estatinas aumentam o PPARy, que também demonstrou aumentar a eferocitose (Asada *et al.*, 2004).

A lovastatina não aumentou a eferocitose através da alteração da ligação das células apoptóticas ou do aumento da expressão dos receptores de eferocitose. Em contrapartida, Ruiz-Velasco *et al.* (2004) verificaram que o tratamento com lovastatina (10 pM) aumentou a expressão de superfície e o ARNm do CD36 em monócitos humanos às 24 horas e em células THP-1 às 48 horas.

A lovastatina suprimiu a fagocitose mediada por Fey R de uma forma dependente da HMG-CoA redutase, limitando os relatórios (Hillyard *et al.*, 2004). Estes autores concluíram que as estatinas suprimem a fagocitose mediada por FeyR através da inibição da biossíntese do colesterol e não através da inibição da prenilação (Hillyard *et al.*, 2004). Tal como na eferocitose, as proteínas preniladas como Rac-1, Cdc42 e Rab 11 são necessárias para a fagocitose mediada por FcyR (Caron e Hall, 1998), tendo sido sugerido um papel para RhoA (Hackam *et al.*, 1997). Por conseguinte, em determinadas condições, as estatinas podem também influenciar a fagocitose de FcyR através da modulação de Rho GTPases.

O efeito das estatinas na fagocitose mediada por FcyR é preocupante devido ao seu potencial para prejudicar a defesa do hospedeiro, mas, em última análise, a sua importância continua a ser demonstrada *in vivo.* Num modelo de rato de pneumonia *por Klebsiella pneumoniae*, a lovastatina atrasou a eliminação das bactérias e aumentou a disseminação (Fessler *et al.*, 2005). Em contraste, as estatinas melhoraram consistentemente a sobrevivência na sépsis bacteriana animal e humana (Merx *et al.*, 2004), o que implica que os efeitos benéficos das estatinas podem ultrapassar os seus potenciais efeitos deletérios.

A dose e a concentração de lovastatina utilizadas nas experiências *in vitro* e *in vivo* foram certamente superiores às utilizadas clinicamente, sugerindo que a lovastatina pode não aumentar a eferocitose quando utilizada em seres humanos. No entanto, em ratos, a lovastatina induz um aumento de 6 a 10 vezes na HMG-CoA redutase microssomal hepática após apenas 24 horas, o que implica que podem ser necessárias doses mais elevadas para produzir efeitos clínicos em ratos do que em seres humanos (Kita *et al.*, 1980). Nos seres humanos, a administração prolongada de lovastatina a 80 mg/kg/dia resulta em concentrações no estado estacionário que variam entre 0,15 e 0,3pM (Thibault *et al.,1996)*, o que é marginalmente inferior à concentração eficaz mais baixa de lovastatina (1|LIM) utilizada no estudo de Konosuke *et al.,(2006).*

A capacidade das estatinas para aumentar a eferocitose sugere um novo mecanismo através do qual as estatinas podem modular as doenças inflamatórias agudas e crónicas e pode ajudar a direcionar os ensaios clínicos com estatinas para doenças específicas. Por exemplo, a fibrose quística e a bronquiectasia são alvos atractivos para a terapêutica com estatinas, uma vez que estão todas associadas à acumulação e eliminação defeituosa de células apoptóticas (Hodge *et al.*, 2003). De facto, os dados de Konosuke *et al.*, (2006) fornecem uma "prova de princípio" para esta abordagem porque a lovastatina aumentou a eferocitose por macrófagos alveolares humanos. Lee *et al.*, (2005) também demonstraram que o tratamento com estatinas inibe o desenvolvimento de enfisema em ratos. No entanto, não foi sugerido que os potenciais alvos terapêuticos se limitassem a estas doenças pulmonares inflamatórias crónicas, porque a acumulação de células apoptóticas e a falha da eferocitose também tinham sido implicadas em doenças inflamatórias sistémicas, como a glomerulonefrite (Botto *et* al., 1998), a artrite reumatoide (Firestein *et al., 1995)* e o lúpus eritematoso sistémico (Baumann *et al., 2002).*

Outras aplicações da Lovastatina

A lovastatina é também utilizada para inibir a indução de óxido nítrico sintase induzível e de citocinas pró-inflamatórias em astrócitos, microglia e macrófagos de ratos e para reprimir a ativação de células T mediada por MHC-II. Além disso, o tratamento com lovastatina diminuiu a atividade neuroinflamatória e os sinais clínicos na encefalomielite alérgica experimental, um modelo animal de esclerose múltipla (EM) (Pahan *et al.,* 1997, Youssef *et al., 2002).* Nos últimos anos, muitos estudos demonstraram que as estatinas, para além dos seus efeitos de redução dos lípidos, têm propriedades anti-inflamatórias e imunomoduladoras.

Imobilização de células

A imobilização celular é definida como o confinamento das moléculas celulares a uma fase distinta daquela em que estão presentes os substratos e os produtos; isto é conseguido através da fixação das moléculas celulares a ou dentro de um material adequado (Katchalski-Katzir, 1993). A imobilização das moléculas celulares não as torna necessariamente imóveis; as moléculas celulares movem-se livremente na sua fase, enquanto que, nos casos de adsorção e de ligação covalente, são de facto imóveis. O material utilizado para a imobilização de células é designado por matrizes de transporte (polímeros inertes ou materiais inorgânicos). Uma importante caraterística desejada para um processo economicamente viável de produção de lovastatina é a produção de lovastatina com maior produtividade.

As estratégias para obter produtividades mais elevadas incluem a retenção de uma elevada concentração de biomassa ativa que possa tolerar uma elevada concentração de produto (Hjorleifsdottie *et al.,* 1990, Aeschlimann e Von Stockar, 1991) e a remoção do produto *in situ*, como a fermentação por eletrodiálise para ultrapassar o problema da inibição do produto (Nomura *et al.,* 1987) ou a fermentação extractiva (Siebold *et al.,* 1995, Kwon *et al.,* 1996), etc. A reciclagem de células é um dos processos para atingir uma concentração celular elevada, em que as células são separadas por filtração e recicladas enquanto o produto é removido do caldo (Hjorleifsdottir *et al.,* 1990). A remoção *in situ* do produto do caldo de fermentação por fermentação por eletrodiálise (EDF) mantém o pH do caldo a um valor favorável sem a utilização de neutralizadores, ajudando assim a simplificar o processo (Nomura *et al.,* 1987). No entanto, a ligação gradual das células microbianas do caldo de fermentação à membrana de permuta iónica provoca um aumento da resistência eléctrica. Isto, por sua vez, provoca uma diminuição da eficiência da eletrodiálise, o que constitui um problema neste método. Por conseguinte, a imobilização é considerada um método alternativo para alcançar uma produtividade elevada.

O termo imobilização refere-se à retenção de um catalisador biologicamente ativo num sistema (Rosevear *et al.,* 1987). A imobilização de células inteiras pode ser definida como o confinamento físico ou a localização de células intactas numa determinada região definida do espaço, com a preservação de alguma atividade desejada (Karel *et al.,* 1985). A região em que as células estão localizadas é designada por sistema de células imobilizadas ou agregado de células imobilizadas, que pode ser dividido em três componentes: as células, o material de suporte e a solução que preenche o restante espaço (solução intersticial). O espaço à volta das células imobilizadas é também designado por "microambiente", porque as propriedades químicas da solução intersticial podem ser bastante diferentes das da solução a granel.

Imobilização de células inteiras

Fundamentação para a imobilização de células inteiras

Muitos processos têm sido praticados tradicionalmente, incorporando o princípio básico de conversões microbianas oferecidas por células ligadas a superfícies. A imobilização de células é a fixação de células ou a sua inclusão numa fase sólida distinta que permite a troca de substratos, produtos, inibidores, etc., mas que, ao mesmo tempo, separa a biomassa celular catalítica da fase a granel que contém substratos e produtos. Por conseguinte, espera-se que o microambiente que rodeia as células imobilizadas não seja necessariamente o mesmo experimentado pelas suas contrapartes de células livres (Ramakrishna e Prakasham, 1999).

A utilização de células e/ou organelos microbianos inteiros imobilizados elimina as etapas frequentemente tediosas, demoradas e dispendiosas envolvidas no isolamento e purificação de enzimas intracelulares. Também tende a aumentar a estabilidade da enzima, mantendo o seu ambiente catalítico natural durante a imobilização e subsequente funcionamento contínuo.

A imobilização de células microbianas refere-se aos sistemas ou técnicas em que existe um confinamento físico ou localização de microrganismos que permite a sua reutilização económica. As células e enzimas imobilizadas têm vindo a atrair grande atenção desde a década de 1970. O interesse inicial nas células imobilizadas foi direcionado para a sua utilização como alternativas a determinadas enzimas imobilizadas, uma vez que as células inteiras evitavam a necessidade de isolamento e purificação das enzimas. Inicialmente, a maior parte do trabalho foi efectuada sobre a imobilização de células bacterianas. Eventualmente, as leveduras e os fungos filamentosos receberam uma atenção crescente (Anderson, 1975). Recentemente, tem-se verificado uma apreciação do potencial das células fúngicas imobilizadas para a produção de metabolitos, tais como vários ácidos orgânicos (Kautola *et al.*, 1991, Kwak e Rhee, 1992, Vassilev e Vassileva, 1992, Garg e Sharma, 1992, Vassilev *et al.*, 1993, Sakurai *et al.*, 1997, Federici e Petruccioli, 1997).

A facilidade de conversão de processos descontínuos num modo contínuo e a manutenção de uma elevada densidade celular sem condições de lavagem, mesmo com taxas de diluição muito elevadas, são algumas das muitas vantagens dos sistemas de células imobilizadas. A imobilização de células metabolicamente activas é particularmente preferida quando os co-factores são necessários para as reacções catalíticas. Uma vez que a maquinaria de regeneração de co-factores é uma função integral da célula, o seu fornecimento externo não é económico. Existem provas consideráveis que indicam que os sistemas de células ligadas são muito mais tolerantes a perturbações no ambiente de reação e igualmente menos susceptíveis a substâncias tóxicas presentes no meio líquido. Os relatórios recentes sobre uma maior retenção de células portadoras de plasmídeos alargaram ainda mais o âmbito da imobilização de células inteiras para a formação de produtos recombinantes.

A imobilização de células utilizando materiais biológicos amigos do ambiente é um método eficaz para melhorar a eficiência da utilização de substratos e as produtividades de vários processos de fermentação que apresentam muitas vantagens em relação aos sistemas de cultivo de células suspensas ou de células livres. As vantagens da célula imobilizada incluem a possibilidade de funcionamento contínuo a taxas de diluição elevadas, taxas de reação mais rápidas através de densidades celulares mais elevadas e, consequentemente, produtividades elevadas.

Os sistemas de células imobilizadas facilitam a separação das células do meio líquido, o que torna possível a cultura em lotes repetidos/prolongados e simplifica o funcionamento da cultura contínua e dos processos subsequentes a jusante (Zaborsky, 1973, Chibata *et al.*, 1974, Chibata, 1978, Nedovic e Willaert, 2004). A imobilização celular reduz os riscos de contaminação e melhora a fermentação contínua (Brodelius e Vandamme, 1987, Nunez e Lerna, 1987, Jamuna e Ramakrishna, 1992, Tanaka *et al.,1994,* Pardeep Kumar e Satyanarayana, 2007). A imobilização das células diminui a viscosidade aparente do caldo e torna as caraterísticas reológicas mais favoráveis ao fornecimento de oxigénio e à transferência de massa (Thongchul e Yang, 2003). Além disso, as células são protegidas de danos por cisalhamento pela imobilização, resultando em maior carga celular e maiores produtividades volumétricas (Fiedurek e Ilczuk, 1991, Abraham *et al.*, 1991, Vassilev e Vassileva, 1992). Quando aplicada a estirpes recombinantes ou mutantes, a imobilização de células pode também atenuar os problemas de estabilidade genética das estirpes (Caunt *et al.*, 1988, Dincbas *et al.*, 1993).

Muitas das reacções de fermentação melhoraram notavelmente a produtividade de várias bioconversões quando processadas utilizando os sistemas celulares imobilizados (Dervakos e Webb, 1991; Ogbonna *et al.*, 1996). Alguns dos relatórios anteriores sobre imobilização mostraram baixa produtividade devido à má conceção do transportador (Guioqang *et al.*, 1992). As técnicas para vários métodos de imobilização incluem o aprisionamento, a adsorção, a ligação cruzada e a ligação covalente. Entre estes, o aprisionamento e a adsorção são os mais frequentemente utilizados (Vassilev e Vassileva, 1992, Arica *et al.*, 1993, Gerbsch e Buchholz, 1995, Federici e Petruccioli, 1997, West e Strohfus, 1997, Seifert e Phillips, 1997, Lozinsky e Plieva, 1998, Ramakrishna e Prakasham, 1999). O crescimento fúngico em pellets também pode ser visto como um sistema de auto-imobilização (Anderson, 1975, Xu *et al.*, 2000).

Imobilização por aprisionamento

No método de aprisionamento, as moléculas celulares são aprisionadas em géis ou fibras adequados e pode ou não haver formação de ligações covalentes entre as moléculas celulares e a matriz. Um aprisionamento não covalente pode ser visto como a colocação da molécula celular numa gaiola molecular. Quando também se pretende criar uma ligação covalente, as moléculas celulares são normalmente tratadas com um reagente adequado. A acrilamida e a bisacrilamida são misturadas para formar um gel que contém a célula aprisionada e que pode ser utilizado para formar pequenas esferas ou uma película sobre um suporte sólido. Prepara-se uma emulsão da célula e do acetato de celulose em cloreto de metileno. O método mais utilizado é o aprisionamento em alginato de cálcio. O método de aprisionamento baseia-se na oclusão de uma enzima numa rede polimérica que permite a passagem do substrato e dos produtos, mas retém a célula (O'Driscoll, 1976). Este método difere dos métodos de acoplamento, na medida em que a célula não está ligada à matriz ou à membrana. Kierstan e Bucke (1977) trabalharam na imobilização de células microbianas, organelos subcelulares e enzimas por aprisionamento em géis de alginato de cálcio. O aprisionamento de células inteiras numa matriz porosa é um método amplamente utilizado para a imobilização de células microbianas (Turker e Kennedy, 1992). A técnica de aprisionamento é conhecida por melhorar a produtividade (Pandey *et al.*, 2000; Goksungur e Zorlu, 2001; Rossi Alva e Rocha Leão, 2003). Os meios de suporte dessa imobilização devem ser simples de aplicar, mecanicamente resistentes e isentos de toxicidade.

Imobilização por adsorção

No método de adsorção, as moléculas celulares aderem à superfície da matriz de suporte devido à combinação de efeitos hidrofóbicos e à formação de várias ligações salinas por molécula celular. A ligação das moléculas celulares à matriz de suporte é geralmente muito forte, mas pode ser enfraquecida durante a utilização de muitos factores, como a adição de substrato, o pH e a força iónica. Exemplos de matrizes de adsorção são o carbono poroso, a argila, os óxidos metálicos hidratados, os vidros, as resinas aromáticas poliméricas e as matrizes de permuta iónica. A adsorção pode variar desde a ligação não específica dependente de forças superficiais fracas, passando pelas interações fortes das ligações iónicas, até à ligação multiponto altamente específica de afinidades biológicas naturais. De acordo com Carr e Bowers (1980), a adsorção deve ser sempre efectuada numa matriz insolúvel em água.

Imobilização por reticulação

Na reticulação, cada molécula de reagente biofuncional (glutaraldeído) liga-se a duas moléculas de células; em última análise, uma rede de moléculas de células ligadas entre si. Por isso, é utilizado para produzir membranas de enzimas imobilizadas para biossensores, por exemplo, papel de seda para lentes e tecido de rede de nylon.

A imobilização pode levar à perda de atividade enzimática devido ao envolvimento do sítio ativo na imobilização da enzima numa orientação que distorce o sítio ativo ou o torna indisponível.

A imobilização de células foi conseguida através da ligação cruzada intermolecular da proteína, quer a outras moléculas de proteína quer a grupos funcionais de uma matriz de suporte insolúvel.

Imobilização pelo método de ligação covalente

No método de ligação covalente, as moléculas celulares são ligadas à matriz transportadora através da formação de ligações covalentes. Como resultado, a força de ligação é muito forte e não há perda de células durante a utilização. A formação de ligações covalentes ocorre com as cadeias laterais dos aminoácidos da célula, sendo o seu grau de reatividade dependente do seu estado carregado. Os resíduos de lisina são os mais úteis na ligação covalente de enzimas, uma vez que estão normalmente expostos na superfície, são altamente reactivos e raramente ocorrem nos locais activos das enzimas.

A reatividade dos nucleófilos da cadeia lateral da proteína é determinada pelo seu estado de protonação (isto é, estado carregado) e segue aproximadamente a relação -S>-SH > -O> $-NH_2$ > -COO> -OH " $-NH_3^+$ em que as cargas podem ser estimadas a partir do conhecimento dos valores de pK_a dos grupos ionizantes. Matriz utilizada em agarose, celulose, sepharose e outros polissacáridos.

Os requisitos desejáveis para os sistemas de células imobilizadas são os seguintes (modificados de Looby e Griffiths, 1990):

- Elevada capacidade de carga de massa celular
- Fácil acesso aos meios nutritivos
- Procedimento simples de imobilização "não tóxico"
- Elevada relação área de superfície/volume
- Distância de difusão óptima entre o meio de escoamento e o centro do suporte
- Estabilidades mecânica (compressão, abrasão) e química
- Esterilizável, reutilizável e economicamente viável
- Baixo cisalhamento experimentado pelas células
- Fácil separação das células e do suporte do meio
- Adequado para sistemas de reactores convencionais, para células em suspensão e dependentes de ancoragem, devendo também ser biocompatível para células animais.

A seleção da matriz de imobilização é um dos parâmetros importantes entre as diferentes condições de fermentação para obter produtos microbianos sustentados/melhorados sem perda de células (Srinivasulu *et al.*, 2002). Na procura de materiais baratos e eficientes para a imobilização de células, foram estudados vários materiais lignocelulósicos (Ryu *et al.*, 1982, Michaux *et al.*, 1982, Cheung *et al.*, 1986, Das *et al.*, 1993).

Estudos de melhoria da deformação

O melhoramento de estirpes tem sido o principal fator envolvido na obtenção de títulos impressionantes de metabolitos industriais. O melhoramento de estirpes pode gerar novos caracteres genéticos (genótipos) por dois meios:

- Engenharia genética e
- Mutação

Engenharia genética

Abordagens mais recentes utilizam as técnicas da engenharia genética moderna para desenvolver estirpes que produzem metabolitos em excesso. Esta lógica de construção de estirpes visa reunir as caraterísticas adequadas através de mutagénese orientada utilizando técnicas de ADN recombinante in vitro. Isto é particularmente valioso em organismos com sistemas reguladores complexos, onde a desregulação envolveria muitas alterações genéticas. A recombinação genética não foi muito utilizada no início, apesar de ter tido sucesso nos primeiros anos (Jarai, 1961), principalmente devido à ausência ou à frequência extremamente baixa de recombinação genética nos microrganismos industriais. Além disso, a engenharia genética é extremamente dispendiosa, o que levou à utilização extensiva da mutação na indústria da fermentação.

Mutações

A mutação é uma alteração de um nucleótido num local específico do cromossoma (cadeia de ADN) de um organismo. A genética tem uma longa história de contribuição para a produção de produtos microbianos. O enorme aumento da produtividade da fermentação e a consequente diminuição dos custos resultaram principalmente da mutagénese e do rastreio de estirpes microbianas industrialmente importantes para uma maior produção (Sergio Sanchez e Arnold, 2008).
A sobreprodução de metabolitos microbianos é efectuada principalmente por

- Aumento das reservas de precursores,
- Adição, modificação ou supressão de genes reguladores,
- Alteração do promotor, do terminador e/ou das sequências reguladoras,
- Aumento do número de cópias de genes que codificam enzimas que catalisam reacções de estrangulamento, e
- Eliminação de vias concorrentes desnecessárias (Strohl, 1991). Na mutação, um gene é modificado involuntariamente (mutação espontânea) ou involuntariamente (mutação induzida).

Mutação espontânea

Na natureza, as mutações ocorrem espontaneamente a taxas muito baixas (um evento mutacional em cada 10^6 a 10^7 células por geração), ou seja, apenas um pequeno número de todas as mutações possíveis ocorre. Estas mutações ocorrem ao acaso em todo o cromossoma. Uma mutação espontânea numa via metabólica de interesse para as fermentações seria um acontecimento extremamente raro.

Mutação induzida

Na mutação induzida, a taxa de mutação pode ser dramaticamente aumentada pela exposição de microrganismos a agentes mutagénicos (raios UV ou vários produtos químicos), que induzem alterações no ADN das células hospedeiras. As taxas de mutação podem ser aumentadas para um evento mutacional em cada 10 ou 10 células por geração para mutantes auxotróficos, e uma em cada

10 a 10^5 células são rastreadas para o isolamento de produtores melhorados de metabolitos secundários.

1. **Mutagénico físico**

A luz ultravioleta (UV) exerce o seu efeito mutagénico ao excitar os electrões das moléculas. A excitação de electrões nas moléculas de ADN resulta frequentemente na formação de ligações extra entre pirimidinas adjacentes (especificamente timina) no ADN. Quando duas pirimidinas se ligam desta forma, designa-se por dímero de pirimidina. Estes dímeros alteram frequentemente a forma do ADN na célula e causam problemas durante a replicação. A célula tenta frequentemente reparar os dímeros de pirimidina antes da replicação, mas o mecanismo de reparação pode também levar a mutações (Sambrook *et al.*, 1989). A mutação é a fonte primária de toda a variação genética e tem sido amplamente utilizada no melhoramento industrial. A luz UV é o agente mutagénico mais bem estudado em organismos procarióticos (Meenu *et al.*, 2000).

2. **Mutagénicos químicos**

Os agentes mutagénicos químicos podem ser classificados como análogos de bases, agentes alquilantes e agentes intercalantes. Os agentes mutagénicos químicos são agentes mutagénicos mais fortes e provocam alterações permanentes na sequência do ADN. Provocam transições de G:C para A:T (Miller, 1972) e têm um efeito preferencial na replicação do ADN (Rowland *et al.*, 1995, Haq *et al.*, 2002, Joh *et al.*, 2004, Paul *et al.*, 2005,Wu *et al.*, 2006,Besoain *et al.*, 2007).

Mutagénese aleatória

Os agentes mutagénicos provocam mutações aleatórias que podem ser mutações pontuais (alteração de um único nucleótido) por eliminação/substituição/rearranjo do ADN. Os organismos com capacidade para produzir o produto desejado de maior produtividade requerem mutações múltiplas que levam à desregulação de uma determinada via biossintética. As mutações sequenciais asseguram que os nutrientes são canalizados eficazmente para os produtos adequados sem desvios significativos para outras vias. Presume-se que estas mutações envolvam não só a libertação de controlos de feedback, mas também o aumento da formação de precursores e intermediários da via. Podem ocorrer mutações potencialmente deletérias não detectadas, uma vez que os sistemas de seleção podem ser orientados apenas para a mutação de interesse. Embora os procedimentos tradicionais de mutagénese aleatória de estirpes sejam morosos e careçam de especificidade e precisão devido à ausência de informação molecular adequada (ou seja, não há oportunidade de expandir o conjunto de genes), continuam a ser muito práticos (Parekh *et al.*, 2000, Bai *et al.*, 2004), pois trata-se de um método bastante simples e rápido quando comparado com a mutagénese orientada que utiliza técnicas de ADN recombinante. No entanto, a seleção ou o rastreio da estirpe mutante desejada de importância industrial é frequentemente um desafio na mutagénese aleatória.
No entanto, alguns dos problemas com esta abordagem de "força bruta" incluem:

- A necessidade de selecionar um grande número de mutantes para a rara combinação de caraterísticas obtidas sequencialmente que conduzem à sobreprodução e
- O enfraquecimento do vigor da estirpe produtora após várias séries de mutagénese.

Embora a alteração seja geralmente prejudicial e eliminada pela seleção, algumas mutações são benéficas para os seres humanos, podendo a mutação ser detectada por despistagem. Um método de seleção é fundamental para a despistagem eficaz de mutantes, uma vez que pode ser necessário avaliar vários isolados individuais para encontrar uma estirpe com uma atividade melhorada na propriedade de interesse e que possa ser preservada indefinidamente. Foi de facto o que os técnicos de fermentação fizeram nos programas de desenvolvimento de estirpes, que conduziram à grande expansão da indústria de fermentação na segunda metade do século XX.

É evidente que a mutação tem sido o principal fator envolvido nos aumentos de centenas a milhares de vezes obtidos na produção de metabolitos microbianos. A capacidade de modificar geneticamente uma cultura microbiana para obter uma maior produtividade tem sido o fator mais importante para manter a indústria da fermentação no seu estado viável e saudável (Andrio e Demain, 2006). Esta abordagem ao melhoramento de estirpes tem tido um êxito notável na produção de organismos que produzem concentrações industrialmente significativas de metabolitos primários.

O objetivo do desenvolvimento de uma estirpe para mutantes depende:

- O processo de mutagénese.
- A principal motivação para o desenvolvimento de estirpes industriais é económica, uma vez que as concentrações de metabolitos produzidos por estirpes selvagens são demasiado baixas para processos económicos.
- Dependendo do sistema, é desejável isolar estirpes que necessitem de tempos de fermentação mais curtos, que não produzam compostos indesejáveis, que tenham necessidades de fermentação reduzidas ou que sejam capazes de metabolizar substratos pouco dispendiosos.
- As estirpes selvagens produzem frequentemente uma mistura de substâncias quimicamente próximas.
- O sucesso do desenvolvimento de estirpes neste trabalho de investigação depende de uma utilização óptima dos procedimentos de mutagénese em combinação com um sistema eficaz de seleção de estirpes de elevado rendimento.

Melhoramento de estirpes através da indução de mutações

Os agentes mutagénicos físicos e químicos são promissores e são utilizados para o rastreio de estirpes de elevado rendimento. Os microrganismos produzem geralmente metabolitos comercialmente importantes em concentrações muito baixas através do seu sistema de controlo inerente. Embora o rendimento possa ser aumentado através da otimização das condições culturais, em última análise, a produtividade é controlada pelo genoma dos organismos (Stanbury *et al.,* 1995). Nas últimas décadas, o aumento exponencial da aplicação de lovastatina em vários domínios colocou a tónica e a procura na melhoria qualitativa e quantitativa através do melhoramento de estirpes. Estas estirpes melhoradas reduzem o custo do processo. Criam novas variações no património genético. O desafio consiste em isolar as estirpes que são verdadeiros mutantes, portadores de mutações benéficas (Parekh *et al.,* 2000). Assim, vale a pena selecionar uma estirpe microbiana potente para a produção de lovastatina.

Utilizou-se a irradiação UV durante 10, 20, 30, 40, 50, 60, 70, 80, 90, 100, 110 e 120 minutos sob um feixe de luz UV (235 nm), colchicina (concentração de 110 μg), peróxido de hidrogénio (concentração de 1-10 μg) e brometo de etídio (concentração de 1-10 μg) para obter mutantes. Os mutantes foram selecionados com base em taxas de crescimento melhoradas com maior produção de lovastatina.

Atributo antimicrobiano da Lovastatina

As leveduras também têm uma via biossintética para produzir mevalonato e proteínas preniladas, mas o produto final é o ergosterol e não o colesterol. As estatinas demonstraram atividade antifúngica contra espécies de Candida numa série de estudos (Macreadie *et al.,* 2006). A lovastatina com fluconazol e a fluvastatina com fluconazol ou itraconazol tiveram efeitos sinérgicos nas espécies de Candida (Song *et al.,* 2003). Apesar de um aumento da prevalência de doentes com diabetes (Kontoyiannis, 2007), o número de casos de zigomicose em doentes com diabetes mellitus diminuiu desde a década de 1990. A utilização generalizada de estatinas com atividade contra zigomicetas nestes doentes foi proposta como uma das razões para esta tendência.

Antecedentes históricos

Estudos epidemiológicos efectuados extensivamente em muitos países mostraram que o aumento dos níveis de colesterol no sangue (hipercolesterolémia), ou, mais especificamente, o aumento dos níveis de colesterol (LDL), está relacionado com um risco acrescido de doença coronária. Os riscos coronários aumentam progressivamente com o aumento do nível de colesterol, quando este ultrapassa os 200mg/dl (Keys, 1980). A redução dos níveis de colesterol total e de colesterol LDL reduz a incidência de doença coronária (Durrington, 2003).

Muitos agentes redutores do colesterol foram registados e introduzidos no uso clínico nas décadas de 1950 e 1960, tais como esteróis vegetais (Pollak 1953), ácido nicotínico (Altschul *et* al., 1955), triparanol (Hollander *et al,* 1959), as hormonas estrogénicas (Taupitz e Otaguro, 1959), a colestiramina (Tennet *et al.*, 1960), a neomicina (Goldsmith *et al.*, 1960), a D-tiroxina (Starr *et al., 1960)* e o clofibrato (Thorp e Waring, 1962). Destes medicamentos, o ácido nicotínico reduz o colesterol e os triglicéridos no ser humano. Estes efeitos devem-se a uma diminuição da síntese das lipoproteínas, o que resulta numa diminuição do colesterol LDL.

Os esteróis vegetais, que interferem com a absorção do colesterol no trato intestinal, não têm qualquer efeito sobre o colesterol VLDL e o seu efeito sobre o colesterol LDL é variável. Os efeitos a longo prazo dos esteróis vegetais são desconhecidos.

A colestiramina, uma resina permutadora de aniões, actua ligando os ácidos biliares no lúmen intestinal, interferindo assim com a sua reabsorção e aumentando a sua excreção fecal. Por conseguinte, a síntese dos ácidos biliares é acentuadamente estimulada. Isto leva a um aumento das necessidades de colesterol no fígado, o que provoca uma elevação da atividade da HMG-CoA redutase hepática. A colestiramina é altamente eficaz no tratamento de muitos doentes com níveis elevados de colesterol, mas, infelizmente, não é tolerada por todos os doentes. Por conseguinte, apesar da sua utilidade comprovada, o sequestrante de ácidos biliares não é um agente ideal para a redução do colesterol.

A neomicina é um agente redutor do colesterol eficaz em doentes com hipercolesterolemia familiar. Actua precipitando o colesterol no trato intestinal e inibindo assim a sua absorção. Os efeitos secundários, incluindo náuseas e diarreia, limitam a administração a longo prazo.

A D-tiroxina, o isómero ótico da L-tiroxina, reduz eficazmente o colesterol LDL em doentes hipotiroideos. A utilização da D-tiroxina num ensaio a longo prazo (Coronary Drug Project) em homens com doença cardíaca isquémica estabelecida foi interrompida devido ao aumento da mortalidade em doentes com arritmias, angina de peito e enfartes múltiplos.

O clofibrato e os seus derivados são os agentes hipolipidémicos mais utilizados em todo o mundo. O seu principal efeito na hiperlipoproteinemia é a redução do VLDL-colesterol, na maioria dos doentes o efeito de redução do colesterol é mínimo a moderado. O clofibrato tem várias acções farmacológicas, incluindo a estimulação da lipólise através do aumento da lipoproteína lipase derivada do tecido adiposo. No entanto, os pormenores da sua ação a nível bioquímico não são bem conhecidos.

Assim, os medicamentos disponíveis no início da década de 1970 não eram considerados agentes ideais para a redução do colesterol. No entanto, a experiência com muitos medicamentos sugeria que a redução do colesterol plasmático induzida por medicamentos seria eficaz no tratamento da aterogénese coronária e da doença cardíaca (Keys, 1980). De um modo geral, todos estes medicamentos utilizados durante as décadas de 1950 e 1960 e no início da década de 1970 apresentaram efeitos secundários adversos e não foram tolerados por todos os doentes, limitando a sua administração a longo prazo (Altschul *et* al., 1955, Taupitz e Otaguro, 1959, Gold smith *et al.*, 1960, Tennet *et al.*, 1960, Thorp e waring, 1962).

O metabolismo do colesterol em animais experimentais e em seres humanos foi amplamente estudado por muitos grupos na década de 1960. Embora praticamente todos os outros tecidos também possuam a capacidade de sintetizar colesterol, as suas taxas de síntese, em contraste com as do fígado e do intestino, permanecem baixas durante a privação de colesterol da dieta. Assim, nestas circunstâncias, o fígado e o intestino são responsáveis por 82 e 11%, respetivamente, de toda a atividade de síntese de esteróis detetável, que foi relatada no macaco (Dietschy e Wilson, 1970).

Endo *et al.* (1971) iniciaram um projeto para procurar metabolitos microbianos que inibissem a HMG-CoA redutase. Esperava-se que a supressão da síntese *de novo* do colesterol no organismo através da inibição da HMG-CoA redutase reduzisse os níveis de colesterol plasmático nos seres humanos. Estes estudos levaram à descoberta de um potente inibidor da redutase, a mevastatina (anteriormente designada ML-236B ou compactina). Posteriormente, foi elucidado o mecanismo bioquímico de ação da mevastatina. Esperava-se que certos microrganismos produzissem tais compostos (metabolitos microbianos) como arma na luta contra outros micróbios que necessitam de esteróis ou outros isoprenóides para o seu crescimento. A inibição da HMG-CoA redutase seria assim letal para estes micróbios. A supressão da síntese *de novo de* colesterol no organismo através da inibição da HMG-CoA redutase reduziria os níveis de colesterol plasmático nos seres humanos.

Durante este período, a HMG-CoA redutase foi avaliada principalmente através da medição da incorporação de radioatividade da HMG-CoA no mevalonato. Como o HMG-CoA era demasiado caro para determinar a atividade inibidora de milhares de amostras, procuraram caldos de cultura microbiana que inibissem a incorporação de acetato em lípidos não saponificáveis. Os caldos activos foram depois testados quanto à sua capacidade de inibir a síntese de lípidos a partir do mevalonato. Suspeitou-se que os caldos de cultura que eram activos no primeiro ensaio mas não activos na segunda determinação continham um composto (ou compostos) que inibia as fases iniciais entre o acetato e o mevalonato na via de síntese do colesterol. O(s) principal(is) componente(s) ativo(s) destes caldos de cultura foi(ram) então isolado(s). Para estes ensaios, foram utilizadas enzimas hepáticas de rato (Knauss *et al., 1959).* Estes estudos levaram à descoberta da mevastatina nas culturas de *Penicillium citrinum.* Posteriormente, os mecanismos bioquímicos de ação da mevastatina foram elucidados e, em 1980, ficou provado que a mevastatina reduzia acentuadamente os níveis de colesterol LDL tanto em animais experimentais como no homem (Tsujita *et al.*, 1979 e Yamamoto *et al.*, 1980).

Posteriormente, verificou-se que uma estirpe de *Penicillium citrinum* produzia compostos activos. Para isolar o(s) componente(s) ativo(s), o filtrado da cultura foi extraído com solventes orgânicos e aplicado em cromatografia de gel de sílica, seguida de cristalização, dando cristais (23mg) de mevastatina. No final de 1973, a estrutura da mevastatina foi determinada por uma combinação de métodos espectroscópicos, químicos e cristalográficos de raios X (Endo *et al.*, 1976).

Brown *et al.*, (1973), relataram que a atividade da HMG-CoA redutase de células de mamíferos em cultura é suprimida pela LDL, mas não pela HDL. Subsequentemente, estes investigadores descobriram um recetor de superfície celular para a LDL e elucidaram o mecanismo pelo qual este recetor medeia o controlo de feedback da síntese de colesterol e da HMG-CoA redutase (Brown *et al.*, 1973, Brown *et al.*, 1974, Goldstein *et al.*, 1975, Brown *et al., 1976).* Foi demonstrado que a hipercolesterolemia familiar, uma doença genética nos seres humanos, é causada por defeitos hereditários no recetor de LDL; estes defeitos perturbam o controlo normal do metabolismo do colesterol. Estes estudos de referência sobre o metabolismo do colesterol apoiaram fortemente os estudos, tanto nas técnicas experimentais como na estratégia geral de desenvolvimento dos inibidores da HMG-CoA redutase.

Mabuchi *et al.* (1981) apresentaram dados sobre os efeitos da mevastatina na redução do colesterol LDL em sete doentes com hipercolesterolemia familiar. Estes doentes receberam o agente durante 24 semanas sem efeitos secundários graves. O colesterol da lipoproteína de baixa densidade foi reduzido em 29% com uma dose de 30 ou 60 mg/dia (maioritariamente com 30 mg/dia) e o seu efeito manteve-se durante o período de tratamento. A lipoproteína de alta densidade aumentou ligeiramente. Posteriormente, estes investigadores utilizaram a combinação de mevastação e colestiramina em doentes com hipercolesterolemia familiar heterozigótica. O colesterol da lipoproteína de baixa densidade foi reduzido até 50-60% pela combinação sem efeitos secundários graves (Mabuchi *et al.,* 1983). A combinação de mevastatina e colestiramina também registou uma redução semelhante do colesterol plasmático (Yamamoto *et al.,* 1984). Estes
Os estudos de HMG-CoA redutase parecem ter acelerado muito o desenvolvimento dos inibidores da HMG-CoA redutase na década de 1980.

Estas descobertas estimularam o desenvolvimento mundial de análogos da mevastatina na década de 1980 e, em 1990, três medicamentos - a lovastatina (anteriormente denominada mevinolina), a sinvastatina e a pravastatina - tinham sido aprovados e comercializados em muitos países. Estes medicamentos foram bem estabelecidos como medicamentos eficazes e seguros para baixar o colesterol e são utilizados por muitos doentes. Estão a ser observados efeitos benéficos da sua administração em doentes com doença coronária (Brown *et al.,* 1990).

Outro análogo da mevastatina, denominado lovastatina, foi isolado do *Aspergillus terreus.* Este novo agente provou ser ligeiramente mais ativo na inibição da HMG-CoA redutase do que o composto original (Endo, 1979, Alberts *et* <7/., 1980). Devido à semelhança estrutural entre a mevastatina e a lovastatina, pode facilmente imaginar-se que ambos os agentes têm as mesmas actividades bioquímicas e farmacológicas. Desde o início da década de 1980, o mecanismo de ação e a eficácia da lovastatina têm sido amplamente estudados por investigadores dos Estados Unidos.

Endo (1980) isolou o metabolito fúngico Monacolin K da cultura de *Monascus ruber* como um novo agente hipocolesterolémico no laboratório. A estrutura química deste composto está estreitamente relacionada com a da Compactina, um potente inibidor da 3-hidroxi-3-metilglutaril HMG-CoA redutase. O efeito inibitório da Monacolina K na síntese de lípidos não saponificáveis num sistema sem células e os seus efeitos hipocolesterolémicos em ratos tratados com Triton W R 1339 e em várias espécies animais, bem como em seres humanos, são relatados. Os resultados indicam que a monacolina K é 45 vezes mais ativa do que a compactina nos sistemas in vitro e in vivo.

Alberts *et al.* (1980) isolaram a mevinolina (lovastatina) como metabolito fúngico de culturas de *Aspergillus terreus.* A estrutura e a configuração absoluta da mevinolina e da sua forma ácida aberta, o ácido mevinolínico, foram determinadas por uma combinação de técnicas físicas. Foi demonstrado que a mevinolina é a lactona do ácido heptanóico 1, 2, 6, 7, 8, 8a-hexahidro-f, 6dihidroxi-2, 6-dimetil-8-(-2metil-l-oxobutoxi) 1-naftaleno. A mevinolina na forma de hidroxiácido, o ácido mevinolínico, é um potente inibidor competitivo da 3-hidroxi-3-metilglutaril-coenzimaA redutase [mevalonato:$NADP^+$ oxidoredutase (CoA-acilante), EC 1.1.134], No rato, o mevinolinato de sódio administrado por via oral foi um inibidor ativo da síntese de colesterol num ensaio agudo (dose inibitória de 50%=46|Lig/kg). Além disso, foi demonstrado que a mevinolina era um agente redutor do colesterol ativo por via oral no cão. O tratamento de cães durante 3 semanas com mevinolina a 8mg /kg por dia resultou numa redução de 29,3+2,5% do colesterol plasmático. Tobert *et al.,* (1982) investigaram e demonstraram que a lovastatina é segura e eficaz em indivíduos normais. A eficácia do medicamento foi estudada principalmente em doentes com hiperlipoproteinemia de tipo I. A lovastatina reduziu acentuadamente os níveis plasmáticos de colesterol total e de colesterol LDL na hipercolesterolemia familiar heterozigótica (HF) de forma dependente da dose (Illingworth e Sexton, 1984). Com doses de 20 mg duas vezes por dia, a lovastatina reduziu os níveis de colesterol LDL em 25-30%, com 40 mg duas vezes por dia reduziu os níveis em 35-40%. Tal como foi demonstrado em estudos anteriores com a mevastatina, um ensaio multicêntrico mostrou que a lovastatina isolada não reduzia geralmente a concentração de LDL para níveis desejáveis em doentes com FH. No entanto, doses relativamente elevadas produziram uma redução substancial do colesterol LDL em muitos doentes (Mabuchi *et al.*, 1983, Havel *et al,*

1987). A associação de lovastatina e colestipol, um sequestrante de ácidos biliares, reduziu os níveis de colesterol LDL em doentes com FH familiar em 50-60% (Grundy e Vega, 1985).

Esta combinação aumentou a diminuição do LDL e permitiu a utilização de doses mais pequenas de ambos os medicamentos. Por exemplo, foram obtidas reduções do colesterol LDL de 50-60% com a utilização de colestipol e apenas 20 mg de lovastatina administrados duas vezes por dia (Grundy e Vega, 1985). Em 1987, a lovastatina tinha demonstrado reduzir de forma notável os níveis de colesterol LDL na maioria dos pacientes com hipercolesterolemia primária moderada e grave (Hoeg *et al.*, 1986). A terapêutica combinada com lovastatina e gemfibrozil reduziu os níveis de colesterol VLDL e LDL (East *et al.*, 1988). Os resultados destes ensaios e de outros estudos em seres humanos, juntamente com a segurança comprovada da lovastatina em animais de laboratório, constituíram a base para a aprovação do medicamento pela Food and Drug Administration dos EUA em 1987.

Greenspan e Yudkovitz (1985) estudaram a biossíntese do ácido mevinolínico (a forma ácida aberta da mevinolina/lovastatina) examinando a incorporação de [^{14} C] acetato e [metilf^{14} C] metionina na molécula. Uma comparação da incorporação de acetato no ácido mevinolínico e nos ácidos gordos indicou que a biossíntese do ácido mevinolínico aumentou com um máximo entre os dias 3 e 5 de crescimento; nesta altura, o crescimento celular tinha cessado e a biossíntese de ácidos gordos era insignificante.

A empresa farmacêutica Merck and Co. comercializou pela primeira vez a lovastatina a partir do fungo *Aspergillus terreus.* Atualmente, a lovastatina está disponível no mercado sob a forma de comprimidos com as marcas Mevacor, Advicor, Altoprev, Statosan Lipivas, Lovalip, Mevinacor, Nergadan, Rovacor e Taucor.

Produção de lovastatina sob SmF

A lovastatina foi sintetizada por *Aspergillus terreus* em fermentação descontínua que atingiu 160 U/l em 161h a pH 6,8 e uma tensão de oxigénio dissolvido mantida a 70%. No final de fermentações descontínuas repetidas, o rendimento da lovastatina foi aumentado em 37%, embora isto tenha levado o dobro do tempo da fermentação descontínua (Novak *et al. ,1997).* Das 68 estirpes *de Aspergillus terreus*, três produziram lovastatina com um rendimento equivalente ou superior ao de *A.terreus* ATCC20542 descrito para a produção de lovastatina. As experiências de otimização do meio indicaram que a lactose, a farinha de sementes de colza e o KNO_3 eram as melhores fontes de carbono, azoto orgânico e azoto inorgânico, respetivamente (Szakacs *et al.,199%).* A lovastatina foi sintetizada em frascos agitados com um meio optimizado que continha 4% (p/v) de lactose, dando um rendimento de 400 pg de lovastatina/ml.

Hajjaj *et al.*, (2001) desenvolveram um meio quimicamente definido para investigar a influência das fontes de carbono e azoto na biossíntese de lovastatina por *Aspergillus terreus.* Entre as várias fontes de azoto orgânicas e inorgânicas definidas metabolizadas por *A.terreus,* o glutamato e a histidina apresentaram o nível mais elevado de biossíntese de lovastatina. Nas culturas com glucose e glutamato, a síntese de lovastatina começou quando o consumo de glucose estabilizou.

Quando *A. terreus* é cultivado em lactose, a produção de lovastatina inicia-se na presença de lactose residual.

A metodologia de superfície de resposta (RSM) foi utilizada para estudar o efeito da composição do meio complexo arroz-glicerol na produção de lovastatina (Lvs) pelo ascomiceto *Monascus ruber* em culturas mistas sólido-líquido (ou submersas) a 25°C. Foram estudados quatro componentes (pó de arroz, peptona, glicerol, glucose) (Chang *et al., 2002).* A lovastatina foi sintetizada a partir da melhor composição derivada da regressão RSM que foi (em gm/1) pó de arroz 34,4, peptona 10,8, glucose 129, KNO_3 8,0, $MgSO_4 .7H_2 O$ 4,0 e glicerol 36,4ml/l com uma produção de Lvs de 157 mg/1 após 10 dias de cultivo. Em comparação com o glicerol e a glucose, o pó de arroz torna-se uma fonte de carbono mais adequada e representa um grande potencial para a produção de Lvs.

A produção de lovastatina e a biomassa microbiana por *Aspergillus terreus* ATCC 20542 foram influenciadas pelo tipo de fonte de carbono (lactose, glicerol e frutose) e pela fonte de azoto (extrato de levedura, licor de milho e farinha de soja) utilizados e pela relação C:N em massa no meio. O valor máximo do coeficiente de rendimento da lovastatina na biomassa foi de 30 mg gm'[1] utilizando os meios lactose/farinha de soja e lactose/extrato de levedura. O rácio inicial ideal de massa C:N para obter uma produtividade elevada de lovastatina foi de 40 (Lopez *et al.*, 2003).

Samiee *et al.,(2003),* estudaram 110 estirpes fúngicas da coleção de culturas de tipo persa (PTCC), incluindo algumas estirpes selecionadas isoladas em vários projectos de rastreio, e testaram a sua potencialidade para produzir lovastatina. As estirpes fúngicas foram cultivadas numa fementação submersa em duas fases, seguida de um rastreio por TLC. Todos os resultados positivos foram avaliados por HPLC de confirmação. Verificou-se que nove espécies de 4 géneros eram produtoras de lovastatina. O *Aspergillus terreus* foi a melhor estirpe produtora de lovastatina, com um nível de 55 mg de lovastatina por litro de meio de produção selecionado.

Lopez *et al.,* (2004), aplicaram um desenho experimental Box-Behnken para investigar os efeitos de cinco factores - i.e. teor de oxigénio na fase gasosa; concentrações de C, N e P; e tempo de fermentação - sobre as concentrações de biomassa e lovastatina produzidas em culturas descontínuas de *Aspergillus terreus.* As condições optimizadas de fenentação aumentaram o título dc lovastatina em quatro vezes em comparação com o pior cenário dentro da gama de factores investigados.

Miyake *et al.*, (2006), investigaram como várias fontes de carbono e azoto no meio afectam a produção de lovastatina por *Monascus pilosus* em fermentação submersa. Foi necessária uma concentração adequada de azoto orgânico e peptona para uma produção elevada de lovastatina. Curiosamente, o glicerol combinado com maltose aumentou a produção de lovastatina, até 444 mg/1 no caso mais eficaz. Estas observações indicam que a produção de lovastatina por *M.pilosus* é regulada por uma repressão rigorosa da glucose e que é necessária uma libertação adequada da repressão rigorosa da glucose através da otimização da composição do meio e/ou de uma mutação para uma produção elevada de lovastatina.

Foi estudada a produção de lovastatina pelo fungo filamentoso *Aspergillus terreus.* Foi introduzido um biorreactor de coluna de bolhas de chorume agitado com gás 201 para estudar os efeitos da agitação não mecânica de baixa intensidade no desenvolvimento da reologia do caldo e na morfologia dos grânulos de fungos durante a produção. A melhor biomassa, a produção específica de lovastatina foi alcançada em concentrações elevadas de biomassa em condições ricas em oxigénio que não eram excessivamente turbulentas (Rodriguez Porcel *et al., 2006).*

A lovastatina foi sintetizada por *Aspergillus terreus* através da introdução de uma estratégia de alimentação em duas fases para melhorar a taxa de produção quando comparada com a fermentação convencional por lotes. A estratégia de alimentação consistiu numa fase inicial de lote/alimentação em lote e numa fase semi-contínua de diluição da cultura com retenção de biomassa granulada num reator de coluna de bolhas de lama. O método de alimentação em duas fases aumentou a taxa de produção de lovastatina em mais de 50% em comparação com a operação convencional por lotes (Rodriguez Porcel *et al., 2007).*

A lovastatina foi produzida por fermentação submersa utilizando *Monascus purpureus* MTCC369. Cinco parâmetros nutricionais analisados utilizando o desenho experimental placket-Bunnan foram optimizados pelo desenho fatorial Box-Behnken da metodologia de superfície de resposta para a produção de lovastatina em culturas em frasco agitado.

A lovastatina foi sintetizada utilizando uma estratégia de fermentação, que remove continuamente parte da lovastatina produzida, do bioreactor. Isto pode aumentar a sua produtividade, uma vez que se sabe que a lovastatina inibe a sua própria síntese no fungo *Aspergillus terreus.* A estratégia de alimentação consistiu numa fase inicial em batelada/em batelada alimentada e uma operação semi-contínua aumentou a produtividade da lovastatina em 315% em comparação com uma operação convencional em batelada.

Elevado rendimento de Lovastatina através de SSF

Barrios-Gonzalez *et al.,* (2008) realizaram estudos moleculares para estabelecer as causas da produtividade superior de lovastatina de um novo processo de fermentação em estado sólido (SSF), em relação à fermentação submersa líquida (SSF:20mg/gm vs. SmF:0,65mg/gm) em *Aspergillus fischeri.* Na SSF, os transcritos dos genes biossintéticos lovE e lovF acumularam-se em níveis elevados do dia 1 ao dia 7. Neste período, o transcrito LovE mostrou níveis de acumulação (transcrição) 4,6 vezes mais elevados do que o nível mais elevado detectado em SmF (dia 5). O transcrito lov F mostrou uma produção de lovastatina duas vezes mais elevada em SSF do que o ponto mais elevado em SmF. Foi relatado que a maior produção de lovastatina em SSF estava relacionada a uma transcrição mais intensa desses genes biossintéticos.

Produção de lovastatina em SSF

A lovastatina foi sintetizada através da otimização do cultivo em estado sólido de *Monascus ruber* em arroz estéril. Foi utilizado um projeto experimental de nível único-fator múltiplo e de nível único-fator múltiplo para determinar os constituintes ideais do meio e para otimizar as concentrações de fontes de carbono e azoto para a produção de lovastatina. O rendimento total de lovastatina (4-6mg/g) foi alcançado pela adição de pó de soja, glicerol, nitrato de sódio e ácido acético em níveis optimizados após 14 dias de fermentação (Xu *et* o/., 2005).

A lovastatina foi produzida por fermentação em estado sólido utilizando *Aspergillus flavipes.* Foram testados *diferentes* substratos sólidos, tais como farelo de trigo, bagaço, farinha de soja, farelo de grama, resíduos de frutos e algumas das suas combinações para a produção de lovastatina. Destes substratos, verificou-se que o farelo de trigo era o substrato mais adequado, produzindo 13,49 mg gm-1 de lovastatina no estado sólido seco em leitos estagnados e 16,65 mg gm-1 de lovastatina no estado sólido seco em leitos agitados e arejados após 6 dias de fermentação. A suplementação do substrato sólido com fontes externas de carbono, como a sacarose e a lactose, e fontes de azoto, como a ureia, o sulfato de amónio e o nitrato de amónio, inibiu a produção de lovastatina. O farelo de trigo com partículas de 0,3 a 0,5 mm, com um teor de humidade de 60% e pH 5,0, produziu a maior quantidade de lovastatina. Também foram efectuados estudos em reator num reator de 21. Obteve-se um rendimento de 16,78 mg de lovastatina por grama de sólido seco no reator em condições optimizadas após 6 dias de fermentação (Valera *et al., 2005).*

A lovastatina (monacolina K) foi produzida em SSF utilizando batata-doce *(Ipomoea batatas),* batata *(Solanum tuberosum),* mandioca *(Marihot esculenta)* e dioscorea *(Dioscorea batatas)* como substratos. Foi referido que *o Monascus purpureus,* com dioscorea como substrato, podia produzir monacolina K a 2.584 mg kg'¹ , o que era 5,37 vezes superior ao resultado obtido quando o arroz foi utilizado como substrato (Lee *et al.,* 2006).

A lovastatina foi produzida por *Aspergillus terreus* em fermentação em estado sólido (SSF) utilizando vários substratos, como arroz, casca de arroz, farelo de trigo e casca de trigo. Foi referido que o arroz ou o farelo de trigo eram substratos adequados para a produção de lovastatina em SSF. O rendimento máximo de lovastatina (2,9 mg/gm de substrato seco) utilizando arroz como substrato foi alcançado após incubação durante 11 dias. Os parâmetros de processo optimizados foram os seguintes: 50%-60% de teor de humidade inicial, pH 5,5, temperatura de incubação 28°C (Pei-lian *et al., 2001).*

A produção de lovastatina utilizando a co-cultura de *Monascus purpureus* MTCC369 e *Monascus ruber* MTCC 1880 foi efectuada por fermentação em estado sólido de arroz. A otimização de diferentes parâmetros do processo de fermentação, tais como o tempo de fermentação, a temperatura, o volume de inóculo e o pH do meio sólido, foi efectuada por Box-Behnken, desenho fatorial da metodologia de superfície de resposta para maximizar a concentração de lovastatina no arroz com bolor vermelho. A produção máxima de lovastatina de 2,83mg/g foi prevista em 14th dias em meio sólido sob condições de processo optimizadas (Panda *et* oZ.,2008).

A lovastatina foi produzida por *Monascus purpureus* MTCC 369 em SSF de arroz. Procedeu-se à otimização e validação de diferentes parâmetros do processo utilizando o método de superfície de resposta com desenho fatorial de Box-Behnken para obter a produção máxima. Previu-se uma produção máxima de lovastatina de 3,422 mg/g ao 14.º dia de fermentação num meio sólido à base de arroz com pH 6,0, temperatura de 29°C, um volume de inóculo de 5,11 ml e utilizando gráficos de superfície de resposta e a ferramenta de previsão de pontos do software Design Expert 7.1.3 (Statease Inc., EUA) (Panda *et al., 2009).*

A literatura acima indica que o rendimento da lovastatina pode ser aumentado através de SSF do que SmF e pouco tem sido feito na produção de lovastain através de SSF. Tendo em conta a importância da lovastatina e a vantagem da exploração de resíduos agro-industriais sob SSF, a presente investigação teve como objetivo produzir lovastatina utilizando vinte substratos diferentes, que são resíduos agro-industriais, e sete estirpes diferentes de fungos produtores de lovastatina sob SSF.

OBJECTIVOS E METAS

O presente estudo tem por objetivo selecionar o par potente produtor de lovastatina a partir de uma variedade de substratos sólidos e organismos fúngicos. A lovastatina é um potente inibidor competitivo da HMG-CoA redutase, uma enzima microssomal que catalisa a conversão dos substratos HMG-CoA em mevalonato. Esta enzima desempenha um papel importante na síntese do colesterol. A hipercolesterolemia é um importante fator de risco para a aterosclerose e doenças relacionadas. O rendimento da lovastatina pode ser aumentado através da fermentação em estado sólido quando comparado com a fermentação submersa e muito poucos trabalhos foram efectuados para a produção de lovastatina através de SSF. Por conseguinte, o nosso trabalho trata da produção de lovastatina por SSF utilizando uma variedade de substratos sólidos, a maioria dos quais não foi utilizada anteriormente. Como a lovastatina actua como um inibidor da HMG-CoA redutase, o nosso estudo centra-se principalmente na produção de lovastatina, melhorando o potencial de rendimento através da otimização de vários parâmetros do processo e dos nutrientes, da imobilização e do melhoramento da estirpe. É dada ênfase à atividade antimicrobiana e à produção em escala da lovastatina.

O trabalho está planeado principalmente para os cinco objectivos seguintes

1. **Rastreio de potenciais organismos fúngicos produtores de Lovastatina e de substratos sólidos**

Selecionar uma gama de sete organismos fúngicos diferentes produtores de lovastatina e vinte substratos sólidos diferentes, que são resíduos agro-industriais, para a produção de lovastatina por fermentação em estado sólido. Os organismos fúngicos foram obtidos de NCIM, Pune e MTCC, Chandigarh,
Índia. Os diferentes substratos sólidos foram obtidos a partir de fontes locais de Visakhapatnam.

Efetuar a fermentação em estado sólido utilizando os substratos e os organismos e selecionar o par com maior potencial de produção de lovastatina.

2. **Otimizar os parâmetros do processo e os parâmetros dos nutrientes para aumentar o potencial de produção de Lovastatina do par mais potencial**

Para otimizar os parâmetros do processo, como o tempo de fermentação, a temperatura, o teor de humidade, a idade do inóculo, a concentração do inóculo, o pH e o tamanho das partículas.

Selecionar a fonte de carbono mais potente entre o amido solúvel, a xilose, a maltose, a sacarose, a glucose e a lactose e otimizar a sua concentração.

Para selecionar a fonte nutritiva potente de azoto entre a ureia, o extrato de levedura, a peptona, o nitrato de amónio, o sulfato de amónio e o nitrato de sódio e otimizar a sua concentração.

3. **Imobilização**

Imobilizar *Penicillium funiculosum* pelo método de aprisionamento.

4. **Melhoramento de estirpes através da utilização de mutagénicos físicos e químicos**

Isolar as estirpes mutantes de *Penicillium funiculosum* utilizando mutagénicos físicos e diferentes concentrações de mutagénicos químicos.

5. **Atividade antimicrobiana da Lovastatina**

Avaliar a atividade antimicrobiana da lovastatina num amplo espetro de microorganismos.

CAPÍTULO 2
MATERIAIS E MÉTODOS

2.1. Microrganismos utilizados para a produção de Lovastatina por SSF

Trichoderma viride, Aspergillus fischeri, Aspergillus flavipes, Penicillium funiculosum, Aspergillus flavus e *Aspergillus parasiticus* foram obtidos da National Collection of Industrial Microorganisms (NCIM), NCL Pune. *O Monascus purpureus* foi obtido da Microbial Type Culture Collection (MTCC), Chandigarh, Índia. Estes organismos foram utilizados no SSF para a produção de lovastatina (Ivs) com uma vasta gama de substratos sólidos que são resíduos agro-industriais.

As estirpes foram mantidas em placas de ágar dextrose de batata (meio PDA-Hi), armazenadas a 4°C e subcultivadas de quatro em quatro semanas. Sempre que necessário para a realização da experiência, foram preparados slants de trabalho frescos. Estes organismos fúngicos foram mantidos conforme descrito abaixo:

2.1.1. Manutenção média

Ágar dextrose de batata (Himedia),
Água destilada,
Agar-agar (2 g por 4 g de PDA em 100 ml de água destilada).

2.1.2. Condições de manutenção

Os organismos são aeróbicos e requerem uma temperatura de 30°C para o seu crescimento. O tempo de incubação necessário para o seu crescimento foi de 6 dias, exceto para o *Monascus purpureus,* que requer 14 dias de incubação.

2.II. Classificação e descrição dos organismos fúngicos utilizados

1. ***Trichoderma viride*** **NCIM-1053**

Classificação
Reino: Fungi
Filo: Ascomycota
Classe: Sordariomycetes
Ordem: Hypocreales
Família: Hypocreacea
Género: *Trichoderma*
Espécie: *viride*

Trichoderma viride é um deuteromiceto em que a conidiação é foto-indutível. É um fungo do solo que interessa aos micologistas ambientais, industriais e teóricos.

Trichoderma viride é um organismo fúngico antagonista e é altamente eficaz no controlo de doenças transmitidas pelas sementes e pelo solo da maioria das culturas economicamente importantes, especialmente leguminosas e oleaginosas.

Este agente de biocontrolo, quando aplicado juntamente com a semente, coloniza a semente e multiplica-se na superfície da semente, matando não só os agentes patogénicos presentes na superfície da semente, mas também dá proteção contra os agentes patogénicos transmitidos pelo solo até ao fim da vida da cultura por ação de micoparasitismo e antibiose.

O seu controlo eficaz das doenças do solo causadas por *Rhizoctonia solani, Macrophomina phaseolina* e *Fusarium spp.* torna-o um produto muito
importante arma contra doenças como a podridão radicular, doenças das plântulas, podridão do carvão, murchidão, amortecimento, podridão do colo, etc.

O Trichoderma viride é um fungo e um biofungicida. É também um agente patogénico por direito próprio, causando o bolor verde da cebola.

2. ***Aspergillus fischeri* NCIM-509**

Classificação

Reino: Fungi

Filo: Ascomycota

Classe: Eurotiomycetes

Encomendar: Eurotiales

Família: Trichocomaceae

Género: *Aspergillus*

Espécie: *fischeri*

Aspergillus é um género constituído por várias centenas de espécies de bolores que se encontram em vários climas do mundo. O género Aspergillus foi catalogado pela primeira vez em 1729 por um biólogo italiano Micheli.

O Aspergillus fischeri é aeróbio e encontra-se em quase todos os ambientes ricos em oxigénio, onde normalmente cresce como bolor na superfície de um substrato, em resultado da elevada tensão de oxigénio. São contaminantes comuns de alimentos ricos em amido. São importantes do ponto de vista médico e comercial. Esta espécie está intimamente relacionada com o agente patogénico comum *Afumigatus.*

Trata-se de um fungo patogénico que pode causar ceratite e possivelmente aspergilose pulmonar em doentes transplantados, mas é um agente patogénico extremamente raro. Encontra-se no solo e os seus esporos encontram-se em produtos agrícolas. Produz diferentes tipos de células durante o seu desenvolvimento.

3. ***Aspergillus flavipes* NCIM-1209**

Classificação

Reino: Fungi

Filo: Ascomycota

Classe: Eurotiomycetes

Encomendar: Eurotiales

Família: Trichocomaceae

Género: *Aspergillus*

Espécie: *flavipes*

Esta espécie pode ser recuperada de ambientes interiores. Foi predominantemente isolada de solos tropicais e subtropicais e de vegetação em decomposição, mas também foi isolada de tecido de algodão deteriorado. Não se sabe se são agentes activos de decomposição, mas são capazes de crescer na presença de uma quantidade limitada de água, pelo que são provavelmente importantes para iniciar ou continuar processos de decomposição onde a maioria dos microrganismos é incapaz de crescer. Este fungo é considerado alergénico. Até à data, não foram documentadas quaisquer doenças tóxicas. Esta espécie foi descrita como um agente patogénico oportunista associado a aspergilose cutânea e osteomielite.

Nesta espécie, os conidióforos são lisos, as cabeças são barriliformes a colunares quando bem desenvolvidas. As vesículas são subglobosas, a elípticas, e os conídios são incolores, lisos e de paredes finas.

Este organismo produz uma substância antibacteriana que, na sua ação contra o *Staphylococcus aureus*, se assemelha muito à penicilina.

4. ***Penicillium funiculosum* NCIM-1174**

Classificação

Reino: Fungi

Filo: Ascomycota
Classe: Eurotiomycetes
Encomendar: Eurotiales
Família: Trichocomaceae
Género: *Penicillium*
Espécie: *funiculosum*

Colónias de cor branca, por vezes verde-acinzentada, ligeiramente viscosas e brilhantes, com funículos erectos no centro, filamentosos e mais claros nos bordos. O reverso é ligeiramente branco e opaco. Tem um cheiro aromático. Os penicillia são biverticilados e simétricos. Os conidióforos são de paredes lisas e as métulas encontram-se em grupos de 5 a 8 e são quase paralelas. Os fialídeos são verticilados (5-8 por métula), em grupos densos e cilíndricos (10x2 pm). Os conídios são de paredes lisas. O pH do meio não é alterado durante o crescimento do fungo (pH final 6,5).

5. ***Aspergillus flavus*** **NCIM-1028**

Classificação
Reino: Fungi
Filo: Ascomycota
Classe: Eurotiomycetes
Encomendar: Eurotiales
Família: Trichocomaceae
Género: *Aspergillus*
Espécie: *flavus*

O Aspergillus flavus tem uma distribuição mundial e ocorre normalmente como saprófita no solo e em muitos tipos de matéria orgânica em decomposição. *O Aspergillus flavus* é a segunda espécie mais comum (a seguir ao *A. fumigatus)* a ser isolada de infecções humanas e está frequentemente associada à aspergilose invasiva observada em doentes imunodeprimidos e em infecções dos seios paranasais. *O Aspergillus flavus* produz uma toxina chamada aflatoxina, uma substância muito tóxica, que se encontra nos cereais infectados.

As aflatoxinas são substâncias químicas tóxicas e cancerígenas, perigosas para os organismos vegetais, animais e humanos. O fungo *A. flavus* pode infetar sementes de milho, amendoim, algodão e nogueiras. Pode ser visto como um bolor esporulado nos grãos feridos de milho ou de outras espécies de cereais.

O Aspergillus flavus vive no solo e desempenha um papel importante no ciclo dos elementos, utilizando matéria orgânica morta como nutriente.

Ao contrário da maioria dos fungos, *o Aspergillus flavus* é favorecido por condições quentes e secas. A temperatura óptima para o crescimento é de 37 °C (98,6 °F), mas o fungo cresce facilmente entre as temperaturas de 25-42 °C (77-108 °F) e também pode crescer a temperaturas de 12-48 °C (54-118 °F). Uma temperatura óptima tão elevada contribui para a sua patogenicidade nos seres humanos.

6. ***Aspergillus parasiticus*** **NCIM-696**

Classificação
Reino: Fungi
Filo: Ascomycota
Classe: Eurotiomycetes
Encomendar: Eurotiales
Família: Trichocomaceae
Género: *Aspergillus*

Espécie: *parasiticus*

O Aspergillus parasiticus é um bolor conhecido por produzir aflatoxina, embora existam estirpes que não produzem este carcinogéneo. Encontra-se por vezes nas azeitonas pretas. Trata-se de um aspergilo endógeno, que produz aflatoxinas Bl e G1 e não produz ácido ciclopiazónico, e é uma espécie mitótica. As estirpes que produzem aflatoxinas podem ser utilizadas na produção de substâncias de referência, quer para investigação, quer para o controlo da qualidade dos alimentos. A colónia é verde-escura e não se torna castanha com a idade. As cabeças dos conídios são maioritariamente unisseriadas. Não se observam esclerócios e os conídios são nitidamente rugosos.

7. ***Monacus purpureus* MTCC-369**

Classificação

Reino: Fungi

Divisão: Ascomycota

Classe: Eurotiomycetidae

Encomendar: Incertaesedis

Família: Monascaceae

Género: *Monascus*

Espécie: *purpureus*

Monascus purpureus é uma espécie de bolor de cor vermelho-púrpura. É também conhecido pelos nomes de bolor do arroz ang-khak, bolor da silagem de milho, bolor da silagem de milho e descoloração do grão de arroz. A descoberta de estatinas redutoras de colesterol produzidas por este fungo levou à investigação das suas possíveis utilizações médicas. Produz uma série de estatinas. As lovastatinas e os análogos que ocorrem naturalmente são designados monacolinas K, L, J, e também ocorrem nas suas formas de ácido hidroxílico juntamente com a desidroximonacolina e a compactina (mevastatina). A lovastatina, idêntica à monacolina K, é a principal estatina produzida pelo *Monascus purpureus.* Apenas a forma de anel aberto (ácido hidroxílico) é farmacologicamente ativa.

2.3.1. Substratos utilizados na SSF

Sêmea de cevada, casca de trigo, sêmea de arroz, casca de arroz, cascas de amendoim, espiga de milho, bagaço de milho, palha de arroz, sêmea de milho, resíduos de ananás, casca de grama verde, casca de grama vermelha, casca de grama preta, batata doce, bagaço de uva, cascas de citrinos (laranja), bagaço de cana-de-açúcar, sêmea de trigo, grama de cavalo e polpa dc laranja foram recolhidos nas fontes locais de

Visakhapatnam, Índia, e foram utilizados como substratos sólidos para a produção de lovastatina em fermentação em estado sólido. Foram triturados até ao tamanho de partículas. Foram efectuados estudos iniciais para determinar a capacidade dos vinte substratos acima referidos para a produção de lovastatina por fermentação em estado sólido (SSF).

2.3.2. Produtos químicos utilizados em SSF, bioensaios, cromatografia em coluna, TLC, λ_{max} Verificação, HPLC, IR e métodos NMR

No presente estudo, utilizou-se Tween 80, metanol, ácido trifluoroacético, fosfato de sódio monobásico anidro, fosfato de sódio dibásico anidro, lovastatina (Mevacor), hexano, etanol, silicato de magnésio, tolueno, acetonitrilo, CDC13, meio de ágar nutriente e meio de ágar dextrose de batata.

2.3.3. Fermentação em estado sólido (SSF)

A fermentação em estado sólido é definida como o crescimento de micróbios sem fase aquosa de fluxo livre. A SSF é um método alternativo à fermentação submersa (Smf) para a produção de produtos de valor acrescentado, como antibióticos, proteínas unicelulares, ácidos gordos poli-insaturados, enzimas, ácidos orgânicos, biopesticidas, biocombustíveis e produção de aromas. No entanto, as vantagens da SSF em vários processos são maiores do que na fermentação submersa. Com os avanços através de técnicas de otimização, a produção utilizando SSF é vantajosa e apropriada. Esta técnica não só diminui o custo do processo como também torna o produto mais barato para os consumidores.

O interesse na SSF advém da sua simplicidade e proximidade às condições naturais de crescimento de muitos microrganismos, especialmente fungos, e também oferece uma oportunidade para explorar resíduos agro-industriais como matérias-primas para a produção de produtos industrialmente relevantes e de valor acrescentado.

2.3.4. Preparação de reagentes para SSF

Tampão de acetato

(a) Ácido acético 0,2 M - 11,55 ml de ácido acético glacial em 1000 ml água destilada.

(b) Acetato de sódio 0,2 M - 16,4 g de acetato de sódio em 1000 ml de água destilada.

O pH foi mantido entre 3 e 5,5, misturando-os em diferentes quantidades e diluindo-os a 100 ml com água destilada.

Tampão fosfato

(a) 27,8 g de fosfato de sódio monobásico anidro dissolvido em 1000 ml de água destilada.

(b) 53,65 g de fosfato de sódio dibásico, anidro, dissolvido em 1000 ml de água destilada.

O pH foi mantido entre 5,7 e 8,0, misturando-os em diferentes quantidades e diluindo-os a 100 ml com água destilada.

2.3.5. Preparação do inóculo para SSF

Para preparar uma suspensão de esporos de slants finamente esporulados dos organismos, foram adicionados 10 ml de solução esterilizada de Tween 80 a 0,1%. O
A superfície foi raspada com uma ansa de inoculação esterilizada para suspender os esporos na solução. Esta suspensão foi bem misturada com uma pipeta. Esta suspensão de esporos foi utilizada como inóculo para a produção de lovastatina. Esta preparação foi efectuada na câmara de fluxo de ar laminar.

2.IV.1. Produção de lovastatina

A produção de lovastatina foi efectuada segundo o método de Pie-Lian et al., (2007). Inicialmente, foram pesados 5 g de cada substrato e introduzidos num frasco cónico. Para manter o teor de humidade a 60%, foram adicionados 3,0 ml de água destilada ao frasco cónico. Os frascos foram bem tapados e selados. Em seguida, os frascos foram esterilizados em autoclave a 121 °C e 15 lbs de pressão durante 15 minutos para esterilização. Simultaneamente, foram também esterilizados frascos que continham apenas o substrato e nenhum organismo. Estes frascos foram utilizados em branco. Em seguida, foram adicionados 2,0 ml (40% v/w) de inóculo (concentração de esporos de cerca de 10-10 por ml). Os frascos foram agitados (ou) rodados para uma mistura uniforme do substrato e do inóculo. Em seguida, os frascos inoculados e os frascos em branco foram incubados a 30°C durante 6 dias na incubadora BOD. No caso do Monascus purpureus, foram 14 dias de incubação. O tempo de incubação foi especificamente anotado para manter o período de incubação correto dos organismos.

2.IV.2. Extração de lovastatina

A extração foi efectuada segundo o método de Pie-Lian et al., (2007). No final da fermentação em estado sólido (incubação), os frascos foram retirados da incubadora. Durante o período de incubação, pode observar-se um crescimento visível. Os frascos foram mantidos na estufa de ar quente durante 2 horas a 60°C para secar o resíduo sólido. Depois de arrefecidos à temperatura ambiente, adicionaram-se 20 ml de metanol ao resíduo sólido, para extração, e mantiveram-se numa incubadora com agitação orbital a 180 rpm durante 2 horas. O resíduo foi filtrado com papel de filtro e depois centrifugado a 1500 rpm durante 15 minutos. Em seguida, o sobrenadante foi analisado para a determinação quantitativa da lovastatina. Este extrato obtido era bruto, mas foi analisado para a determinação quantitativa de lovastatina para conhecer a quantidade de Lvs presente. Pode ainda ser purificado por cromatografia em coluna.

2.IV.3. Método analítico

A 1,0 ml do sobrenadante, adicionou-se 1,0 ml de ácido trifluoroacético a 1% e incubou-se durante 10 minutos. (Lactonização da forma de ácido hidroxílico da lovastatina). A solução acima referida foi diluída com metanol e a sua absorvância foi lida a 238 nm utilizando um espetrofotómetro UV-Visível (Shimadzu) (Markopoulou e Koundurellis, 2003, Sayyad et al., 2007, Mielcarek et al., 2009). O controlo utilizado foi o metanol e o branco foi a água. A concentração de lovastatina produzida em mg/gm de substância seca é obtida através do traçado dos valores de densidade ótica num gráfico padrão.

Gráfico padrão

A lovastatina (forma de lactona) foi dissolvida em metanol para obter as concentrações de 0,2 mg/ml, 0,4 mg/ml, 0,6 mg/ml, 0,8 mg/ml e 1 mg/ml. Foram diluídas até 10 vezes e depois 100 vezes em metanol e a sua absorvância foi lida espectrofotometricamente a 238 nm.

2.V. Método colorimétrico de determinação da lovastatina

O permanganato de potássio (1x10^{-2} mol/L) foi preparado dissolvendo cerca de 0,395 gm em água e diluído para 250 ml. Diluiu-se ainda mais para 3,164><$10^{'3}$ mol/L $KMnO_4$ para o método A e 6,328 x10^{-3} mol/L $KMnO_4$ para o método B. O ácido acético (3:2) foi preparado diluindo adequadamente ácido acético concentrado com água. A solução de hidróxido de sódio (0,3 e 0,5 mol/L) foi preparada por dissolução em água. Preparou-se uma solução de 2,944 x10^{-3} mol/L de Lvs dissolvendo 32,5 mg de Lvs em ácido acético e completando o volume para 250 ml com o mesmo ácido utilizado no método A. Preparou-se uma solução de 9,059x10^{-5} mol/L de Lvs dissolvendo 10 mg de Lvs em NaOH 0.3 mol/L NaOH com a ajuda de calor e completada até 250 ml com NaOH 0,3 mol/L e utilizada no método B. Todos os produtos químicos utilizados eram de grau de reagente analítico e foi utilizada água destilada para preparar todas as soluções.

Método A

Foram transferidas diferentes alíquotas da solução-padrão (0,5-6,0 ml, 2,944 x10^{-4} mol/L) de Lvs puro para uma série de frascos calibrados de 10 ml por meio de uma microbureta e o volume total foi ajustado para 6,0 ml com ácido acético. Adicionou-se a cada balão, com exatidão, um volume de 1 ml de 3,164x $10^{"3}$ mol/L $KMnO_4$ e manteve-se de lado durante 10 minutos, com agitação ocasional, antes de diluir até à marca com água. A absorvância foi registada a 550 nm em relação a um branco de água.

Método B

Numa série de balões aferidos de 10 ml, foram buretados 0,25-3,0 ml de solução de Lvs pura 9,059 x 10^{-5} mol/L e o volume total foi completado para 3,0 ml com NaOH 0,3 mol/L. A cada frasco foi adicionado 1 ml de NaOH 0,5 mol/L, seguido de 1 ml de solução de KMnO 6,328 x10^{-3} mol/L_4 . Os frascos foram mantidos em repouso durante 20 minutos, com agitação ocasional, e o volume foi completado com água até à marca. A absorvância foi registada a 610 nm em relação ao branco do reagente.

2.VI. Seleção de substratos sólidos em SSF para a produção de Lovastatina

A fim de selecionar o substrato e o organismo adequados para a produção de lovastatina, foram utilizados vários resíduos agro-industriais, como o farelo de cevada, a casca de trigo, o farelo de arroz, a casca de arroz, a casca de amendoim, a maçaroca de Com, o bagaço de Com, as cascas de mandioca, o farelo de Com, os resíduos de ananás, a casca de grama verde, a casca de grama vermelha, a casca de grama preta, os grãos de malte gastos, o bagaço de uva e as cascas de Citms (laranja), O bagaço de cana-de-açúcar, o farelo de trigo, a grama-forte e a polpa de laranja foram utilizados como substratos para diferentes organismos como *Trichoderma viride* NCIM-1053, *Aspergillus fischeri* NCIM-509, *Aspergillus flavipes* NCIM-1209, *Penicillium funiculosum* NCIM-1174, *Aspergillus flavus* NCIM-1028, *Aspergillus parasiticus* NCIM-696 e *Monascus purpureus* MTCC-369.

2.VII. Testes utilizados para confirmar a presença de Lovastatina no extrato obtido por SSF

Para confirmar a presença de lovastatina, foram efectuados diferentes testes, tais como bioensaio, TLC, HPLC, IR e NMR. O organismo (Penicillium funiculosum, NCIM-1174) foi corado, para verificar a sua pureza, antes dos testes acima referidos.

2.VIII.1. Preparação de lâminas de azul de algodão com lactofenol para *Penicillium funiculosum*

A preparação da montagem húmida com Lactofenol Azul de Algodão (LPCB) é o método mais utilizado para a coloração e observação de fungos e é simples
para preparar. Pode ser utilizado também para observar filamentos e formas de vida superiores através da observação microscópica.

2.VIII.2. Procedimento de coloração

1. 1) Colocar uma gota de amostra numa lâmina de microscópio.
2. 2) Adicionar uma ou duas gotas do corante azul de algodão lactofenol.
3. 3) Dobrar a lamela entre o indicador e o polegar, tocar num dos bordos da gota de amostra com o bordo da lamela e baixar suavemente, evitando bolhas de ar. A preparação está agora pronta para ser examinada.

Um método especial de rastreio rápido para identificar a produção de lovastatina foi descrito por Kumar *et al* (2000b). Este método baseia-se nas propriedades anti-fúngicas da forma β-hidroxiácida da lovastatina e no seu efeito inibidor sobre o fungo micelial *Neurospora crassa.*

A Neurospora crassa NCIM-863 (NCIM, Pune) foi utilizada como organismo de ensaio no estudo de bioensaio.

1. **.IX. Método de bioensaio (rastreio antifúngico)**

Bio-ensaio em *Neurospora crassa*

No bioensaio foram utilizados esporos de *Neurospora crassa* NCIM-863 cultivados em placas de ágar Sabourad dextrose (SDA) durante 10 dias. Foi utilizada solução salina estéril (0,85%) com 0,2% de Tween 80 para colher os esporos. O meio SDA fundido estéril mantido a 45° C foi semeado com 0,4-0,5 esporos XlO e vertido numa placa de Petri pré-esterilizada de fundo plano. Após a solidificação do meio SDA, foram feitos poços utilizando uma broca estéril de 8 mm de diâmetro e 50^ 1 do extrato de *Penicillium* (0,25mg/ml DMSO) e 50 µl do padrão lovastatina (0,25mg/ml DMSO) foram carregados em cada poço, colocando simultaneamente Fluconazol de 50 µl (0,25mg/ml de concentração) num dos poços como agente antifúngico. As placas foram deixadas para pré-difusão e depois incubadas a 28° C durante 16-18 horas. (A incubação para além deste período especificado resultou no crescimento excessivo do organismo de teste e, assim, os limites da zona de inibição não puderam ser medidos claramente). Após a incubação, a zona de inibição foi medida. O extrato, depois de apresentar uma zona de inibição contra *Neurospora crassa*, foi ainda testado quanto à presença de Lvs através do método de cromatografia de camada fina (Gunde-cimerman *et al.*, 1993).

2. .X. Cromatografia em coluna

É um facto conhecido que a taxa de adsorção de diferentes materiais num determinado adsorvente varia de material para material. Algumas substâncias são mais facilmente adsorvidas num adsorvente do que outras. Este fenómeno de adsorção selectiva é utilizado na cromatografia em coluna. O constituinte da mistura que tem maior poder de adsorção é adsorvido primeiro na parte superior da coluna. Os constituintes com menor capacidade de adsorção são retidos na parte inferior da coluna. Desta forma, os constituintes da mistura são separados na coluna por ordem decrescente da sua capacidade de adsorção às partículas de adsorvente colocadas na coluna.

O extrato bruto de lovastatina não lactonizado foi concentrado (10 ml) sob pressão reduzida para obter uma massa viscosa (Skoog *et al.*, 1998). A lama do extrato bruto de lovastatina foi então preparada adicionando o silicato num prato de porcelana com mistura contínua até ser adsorvido no silicato e secar completamente (Skoog *et al.*, 1998). Esta mistura foi introduzida na coluna, que foi então colocada em funcionamento de forma gradual, começando com 70 ml de hexano, seguido de etanol e metanol, de acordo com a polaridade dos solventes, o que resulta no movimento gradual de diferentes zonas para baixo. A última fração (a mais baixa da coluna) é a primeira a sair da coluna e é recolhida. Desta forma, as diferentes fracções da mistura são recolhidas separadamente, uma após a outra, e analisadas por TLC. A experiência foi efectuada a 32°C (temperatura ambiente).

Preparação da aparelhagem para a cromatografia em coluna

Utilizou-se uma coluna com 1 cm de diâmetro e 40 cm de comprimento. Na extremidade inferior da coluna foi colocada uma rolha de borracha com uma rolha, através da qual passa um tubo para o fluxo do solvente. Sobre a rolha de borracha foi colocado um tampão de lã de vidro e pequenas partículas de tamanho uniforme do adsorvente, do silicato de magnésio e do extrato de lovastatina, foram introduzidas na coluna.

A coluna é previamente lavada com o solvente a utilizar, a fim de remover os materiais estranhos e sedimentar as partículas. A escolha do solvente depende em grande medida da mistura e dos seus constituintes a analisar. Os solventes utilizados foram o hexano, o etanol e o metanol. As substâncias presentes numa fração muito pequena de uma mistura podem ser separadas e analisadas por esta técnica.

3. .XI. Técnica de cromatografia em camada fina

Esta técnica foi utilizada para analisar a presença de lovastatina no extrato. Foram colocadas placas de cromatografia em camada fina com o extrato concentrado em triplicado (Hajko e Wildman, 1993), após a recolha da coluna, juntamente com a amostra padrão (lovastatina). Estas placas foram deixadas a correr com o sistema de solventes Tolueno: Etanol no rácio 4:1.

Estas placas foram expostas inicialmente a luz UV e depois a vapores de iodo para visualizar as manchas separadas. Os valores de R_f foram calculados e a comparação foi feita com os valores da amostra de extrato e da amostra padrão.

4. .XII. λ_{max} Verificação

A confirmação após a realização da TLC foi ainda efectuada através da observação dos valores de λ_{max} do extrato e da lovastatina pura (padrão). O padrão e a amostra foram preparados por dissolução em metanol (1 mg/ml). Foram analisados entre 200-400 nm num espetrofotómetro UV (Shimadzu).

5. .XIII. Análise por cromatografia líquida de alta resolução

O padrão e a amostra obtidos da coluna foram analisados por cromatografia líquida de alta eficiência (HPLC) na forma de lactona (Morovjan et al., 1997). Para a preparação da amostra, foram retirados 20 ml do extrato metanólico e secos sob vácuo a 45°C. Ao resíduo foi adicionado um volume igual de acetonitrilo. O resultado foi filtrado com um filtro de 0,45μ m e posteriormente utilizado para análise por HPLC (Bibu Prasad Panda *et al.,* 2009).

Utilizando as seguintes condições cromatográficas, foi efectuada a HPLC.

1. Especificações da coluna: Coluna C18 (Hypersil), com dimensões de 150 x4,6 mm, 5 μm
2. Fase móvel - Acetonitrilo: ácido O-fosfórico 0,1% (60:40 v/v)
3. Volume de injeção da amostra: 20 μl
4. Caudal: 1,0 ml/min
5. Temperatura ambiente: 25°C
6. λ max: 238 nm

Foi preparada uma amostra padrão de lovastatina dissolvendo o medicamento puro lovastatina (Dr. Reddy's laboratories Ltd., Hyderabad) em acetonitrilo.

2.XIV. Método de espetroscopia de infravermelhos

A preparação da amostra para a espetroscopia de infravermelhos foi efectuada de acordo com o método de Watson, (2005), misturando uma parte da amostra (obtida por cromatografia em coluna) com 100 partes de parafina líquida. A mistura foi então colocada numa célula de cloreto de sódio e digitalizada num espetrofotómetro de infravermelhos (Shimadzu).

2.XV. Método de Ressonância Magnética Nuclear

Uma vez que os medicamentos de uso clínico são, na sua maioria, produtos sintéticos ou naturais, a espetroscopia de RMN tem sido utilizada principalmente para a elucidação e confirmação das estruturas. A espetroscopia de ressonância magnética nuclear (Shimadzu) foi vantajosa para a análise farmacêutica quantitativa devido à sua elevada seletividade (Holzgrabe *et al.,* 2008).

Dependendo dos desvios químicos selecionados para quantificação, como os protões na porção hexa-hidronaftaleno comum a todas as estatinas de primeira geração (Kerpel-Fronius et al., 2006), a determinação do total de estatinas é viável com RMN sem padrões de referência para cada composto específico.

A preparação da amostra foi efectuada misturando uma quantidade conhecida (5-100mg/L) de lovastatina padrão e a amostra em CDC13 (Triclorodeuteriometano). A mistura foi vertida para um tubo de RMN e medida espectroscopicamente. O espetro da lovastatina padrão e da amostra foi registado a 400 MHz.

2.XVI. Otimização dos parâmetros do processo e da suplementação de nutrientes Parâmetros do processo

Os parâmetros de fermentação que influenciam a produção de lovastatina durante a SSF foram optimizados numa vasta gama. A estratégia adoptada para a normalização dos parâmetros de fermentação consiste em avaliar o efeito de um parâmetro individual e incorporá-lo no nível padrão antes de normalizar o parâmetro seguinte. Os parâmetros do processo optimizados neste estudo incluem o tempo de incubação (fermentação), a temperatura, o teor de humidade, a idade do inóculo, o volume do inóculo, o pH e o tamanho das partículas.

Efeito do tempo de fermentação

A influência do tempo de fermentação na produção de lovastatina foi estudada através da incubação de frascos de cultura de 2 dias a 7 dias.

Efeito da temperatura

A influência da temperatura na produção de lovastatina foi estudada através da incubação de frascos de cultura a diferentes temperaturas de 26°C a 34°C (ou seja, 26, 28, 30, 32 e 34°C).

Efeito do teor de humidade

O teor de humidade do meio de fermentação é o fator crítico mais importante na SSF. Para determinar o efeito do teor de humidade na produção de lovastatina, o meio foi mantido com um teor de humidade de 40% a 130% v/w.

Efeito da idade do inóculo

Foram realizadas experiências para determinar a idade óptima do inóculo para a produção de lovastatina, variando a idade do inóculo de 2 dias a 8 dias. O meio de produção foi incubado com diferentes idades de inóculo (2 a 8 dias) com um intervalo de 1 dia.

Efeito da concentração do inóculo

Para avaliar o efeito das concentrações de inóculo na produção de lovastatina, foram adicionadas aos frascos de cultura concentrações variáveis, tais como 20, 30, 40, 50, 60 e 70% v/w de inóculo.

Efeito do pH

Para determinar o pH ótimo para a produção de lovastatina, foi mantido um intervalo de pH entre 4,0 e 8,0 com soluções tampão de acetato e fosfato.

Efeito do tamanho das partículas

O efeito da dimensão das partículas do substrato na produção de lovastatina foi estudado utilizando partículas de farelo de trigo de 25, 36, 44, 52, 60 e 72 malhas.

Suplementação de nutrientes

Seleção da fonte de carbono

Para determinar o efeito das fontes de carbono no rendimento da lovastatina, foram testadas diferentes fontes de carbono, tais como amido solúvel, xilose, maltose, sacarose, glucose e lactose, a uma concentração de 1% p/v, juntamente com outras condições optimizadas para o meio de fermentação e incubadas.

Otimização da concentração de Lactose

Para determinar o efeito da concentração de lactose na produção de lovastatina, foram aplicadas diferentes concentrações de lactose com uma gama de 1% a 5% p/v, juntamente com as outras condições optimizadas, e incubadas.

Seleção de fontes de azoto

Para determinar o efeito das fontes de azoto no rendimento da lovastatina, foram testadas diferentes fontes de azoto, como a ureia, o extrato de levedura, a peptona, o nitrato de amónio, o sulfato de amónio e o nitrato de sódio. Foram analisadas a uma concentração de 1% p/v juntamente com as outras condições optimizadas, para o meio de fermentação e sem a adição de suplemento de carbono e incubadas.

Otimização da concentração de sulfato de amónio

Para otimizar a concentração do suplemento de azoto optimizado, foram adicionados ao meio de produção 1,0, 2,0, 3,0, 4,0 e 5,0% p/v de sulfato de amónio. As condições optimizadas que foram determinadas foram implementadas sem a adição do suplemento de carbono optimizado e incubadas.

Utilizando todas as condições físicas e químicas optimizadas acima referidas, foi realizada outra fermentação em descontínuo para a produção de lovastatina, utilizando suplementos de carbono e de azoto.

2.XVII. Produção em grande escala de Lovastatina

A produção em escala da lovastatina foi efectuada aumentando a quantidade de substrato seco. A quantidade de substrato sólido utilizada foi de 5gm, 10gm, 20gm, 30gm, 40gm, 50gm e 100gm, respetivamente. A fermentação em estado sólido foi realizada utilizando *Penicillium funiculosum* com farelo de trigo, implementando todas as condições optimizadas de acordo com a quantidade de substrato seco utilizado.

2.XVIII. Imobilização de *Penicillium funiculosum* em esferas de alginato

O alginato de sódio de qualidade comercial foi utilizado como agente imobilizador para a preparação das esferas. *O Penicillium funiculosum* em crescimento exponencial foi colhido por centrifugação (5000 x g durante 10 min) e ressuspendido em 50 ml de água esterilizada. Misturaram-se cuidadosamente 50 ml de solução de alginato a 4% para obter uma concentração final de alginato de 2%. A mistura de alginato e fongal foi então adicionada gota a gota ao $CaCl_2$ (0,1 M). As esferas foram mantidas na mesma solução durante 30 minutos a 4°C para solidificar.

Condição experimental

Para este estudo, foram utilizados os seguintes tratamentos

- SSF de farelo de trigo sem qualquer organismo: controlo-1
- SSF de farelo de trigo inoculado com *Penicillium funiculosum: tratamento* 1
- SSF de farelo de trigo inoculado com *Penicillium funiculosum* imobilizado*: tratamento -2*

A experiência foi efectuada em triplicado durante um período total de 22 dias em frascos Erlenmeyer de 250 ml. As amostras fermentadas foram retiradas em intervalos de tempo adequados e analisadas. Os frascos foram analisados durante um período de 7 dias para determinar a produção de lovastatina.

Armazenamento

A biomassa imobilizada foi lavada com água destilada estéril, imersa em NaCl a 0,9% e armazenada a 4°C.

Preparação de fungos imobilizados para microscopia eletrónica de varrimento (Bozzola e Russell, 1999)

Para a microscopia eletrónica de varrimento, a amostra deve ser submetida a três processos: fixação, desidratação e secagem.

Fixação

Resumidamente, o tapete fúngico imobilizado foi fixado principalmente com gluteraldeído a 2,5% em tampão fosfato 0,1 M (pH 7,2) durante 24 horas a 4°C e pós-fixado em tetróxido de ósmio aquoso a 2% durante 4 horas, no mesmo tampão.

Desidratação

A amostra foi então lavada e desidratada por tratamento através de gradientes sucessivos de álcool (30%, 50% e 70% de álcool etílico durante 15 minutos em cada etapa; 80%, 90% e 100% de álcool etílico durante 30 minutos em cada etapa) de forma gradual.

Secagem

Após a desidratação completa, as amostras foram secas. As amostras secas foram montadas sobre os stubs com fita de carbono de dupla face. Aplicou-se uma camada fina de revestimento de ouro sobre a amostra, utilizando um aparelho automático de revestimento por pulverização catódica, através da técnica de sombreamento de ouro, durante 3 minutos e, em seguida, a amostra foi digitalizada no microscópio eletrónico de varrimento (modelo: JOEL-JSM 5600) com as ampliações pretendidas.

2.XIX. Melhoramento da estirpe de *Penicillium funiculosum* através da indução de mutações físicas e químicas

A cultura de *Penicillium funiculosum* utilizada neste trabalho foi isolada anteriormente de forma qualitativa pelo método padrão de triagem em placa (Sabika et al., 2012). Nos dados actuais, esta estirpe foi melhorada através de UV e de vários mutagénicos químicos em termos de produção de lovastatina utilizando a fenentação em estado sólido em frascos Erlenmeyer de 250 ml.

Melhoria da tensão

Para melhorar a cultura, a estirpe foi tratada em duas fases com quatro mutagénicos para obter um mutante potencial e estável:

-Irradiação ultravioleta : Mutagénico físico

(Vijaya lakshmi *et al.*, 2010)

-Colchicina : Mutagénico químico

(Bhargavi *et al.*, 2010)

-Peróxido de hidrogénio: Mutagénico químico

(Aldo *et al.*, 2006)

-Brometo de etídio: Mutagénico químico

(Chand *et al.*, 2005).

Mutagénese em várias etapas

Um sistema eucariótico tem geralmente uma tendência natural para regressar à sua forma selvagem. Por conseguinte, as estirpes mutantes selecionadas foram novamente submetidas a mutagénese seguindo a mesma metodologia e as estirpes mutantes selecionadas da segunda geração de mutantes foram cultivadas em meio de cultura líquido (Sudarshana *et al.*, 2012).

Na primeira fase, a estirpe selvagem foi exposta a vários agentes mutagénicos e avaliada quanto à produção de lovastatina. Foram selecionados os mutantes de primeira geração com melhor produção de lovastatina. Na segunda etapa da mutagénese, os melhores mutantes identificados foram tratados com o mesmo mutagénio na mesma concentração durante duas vezes (Sudarshana *et al.*, 2012). Os mutantes de terceira geração obtidos foram selecionados para melhorar o rendimento da lovastatina.

Meio de isolamento de uma única colónia

Ingredientes: gm/1

Desoxicolato de sódio: 1.0

Verde de bromocresol: 0.1

Meio PDA: 11.0

Preparação

Adicionou-se 1 g de desoxicolato de sódio e 0,1 g de verde de bromocresol a 11 g de meio PDA. O meio deve ser primeiro agitado continuamente a 60-70° C utilizando um agitador magnético de placa quente e depois autoclavado a 121° C durante 15 minutos. Os esporos foram suspensos em soro fisiológico estéril e diluídos em soro fisiológico estéril a uma concentração de 100 esporos/ml e 0,1 ml da suspensão de esporos foi espalhada no meio e incubada a 34° C durante 24 h.

Médio rico

Ingredientes: (gm/1)

Glicose: 50,0

Extrato de levedura: 15,0

Peptona: 15.0

$(NH\ )_{42}\ SO_4$: 2.0

$KH_2\ PO_4$: 0,3

$MgSO_4\ .7H_2\ O$: 0,25

$ZnSO_4\ .7H_2\ O$: 0,05

NaCl: 5,0

pH: 6,0

Utilização

Os esporos foram inoculados num balão de 250 ml contendo 20 ml de meio e foram cultivados a 30° C com agitação a 120 rpm durante 10-12 h.

Mutagénese

A mutação ocorre espontaneamente ou após indução com agentes mutagénicos (mutagénicos). A taxa de mutação espontânea depende das condições de crescimento do organismo. Foram utilizadas as seguintes abordagens para a mutagenização do isolado *stxain-Penicillium funiculosum.*

Mutagénese física

O seletor natural de alto rendimento foi submetido a irradiação UV. A luz ultravioleta (UV) é um mutagénico forte (aproximadamente 220-300 nm) e gera principalmente dímeros entre bases de pirimidina adjacentes na mesma cadeia de ADN. Estes dímeros fazem com que a cadeia se dobre, interrompendo o emparelhamento normal das bases. Isto impede a replicação adequada e pode resultar em mutações pontuais, deleções e rearranjos cromossómicos. Os efeitos da mutagénese podem ser revertidos por fotorreactivação, um mecanismo de reparação do ADN dependente da luz (Giles, 1951, Davis e de Serres, 1970).

Irradiação UV

Os esporos com 7 dias de idade da estirpe-mãe, cultivados numa placa de PDA, foram transferidos para o meio rico para induzir a germinação mais rapidamente. A produção de esporos em quantidades imensas foi alcançada num curto período de tempo. O caldo de cultura foi centrifugado e os esporos obtidos foram colhidos. Os esporos resultantes foram lavados com solução salina fisiológica estéril duas vezes e depois suspensos em
solução salina fisiológica. A suspensão de esporos foi filtrada através de lã de vidro esterilizada para remover fragmentos miceliais e obter uma suspensão de esporos simples. A suspensão de esporos individuais (10 ml) foi distribuída numa placa de Petri de 100 x 15 mm e colocada num agitador magnético instalado numa câmara de fluxo laminar para agitar suavemente, a fim de manter a suspensão de esporos homogénea. Retirar a tampa da placa de Petri antes da exposição à irradiação UV durante 10, 20, 30, 40, 50, 60, 70, 80, 90, 100, 110 e 120 minutos sob um feixe de luz UV (235 nm) (LÂMPADA GERMICIDA (VL-G), tubo UV T-15C 15W 254 nm, VILBER-LOURMAT). A distância entre a lâmpada e a placa de Petri foi ajustada para 10 cm em

cada ensaio para obter uma taxa de mortalidade de 95% (Vijaya lakshmi, *et al.,* 2010). Após a conclusão do tempo pré-determinado, as placas foram mantidas no escuro durante a noite para evitar a foto-reativação dos mutantes. Todas as placas foram mantidas no escuro durante a incubação para evitar a foto-reativação. No entanto, a foto-reativação requer geralmente uma intensidade de luz elevada

Mutagénese física

Fluxograma-1: Procedimento de mutagénese física

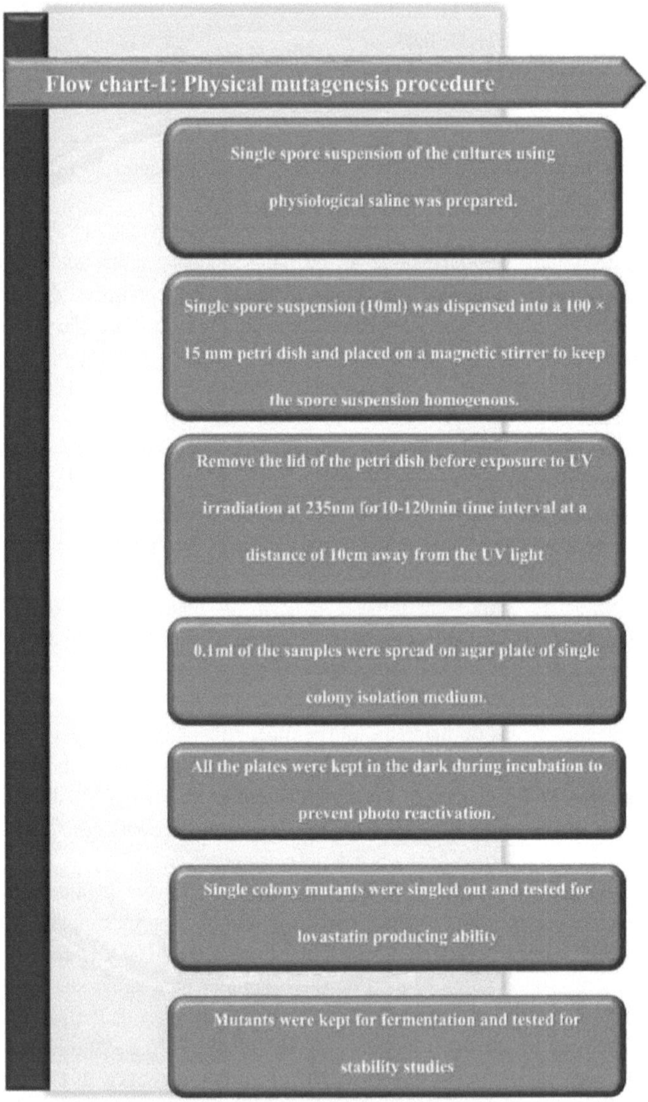

Mutagénese química

Os agentes mutagénicos químicos funcionam principalmente através da indução de mutações pontuais. As mutações pontuais ocorrem quando um único par de bases de um gene é alterado.

Estas alterações são classificadas como transições ou transversões. As transições ocorrem quando uma purina é convertida em purina (A para G ou G para A) ou uma pirimidina é convertida em pirimidina (T para C ou C para T).

Uma transversão resulta quando uma purina é convertida numa pirimidina ou uma pirimidina é convertida numa purina. Um exemplo de transversão é a conversão da adenina em cistosina.

São utilizadas habitualmente duas grandes classes de agentes mutagénicos químicos. São os agentes alquilantes e os análogos de bases.

Cada um tem um efeito específico no ADN. Os agentes alquilantes podem mutar tanto o ADN replicante como o não replicante. Em contrapartida, um análogo de base apenas altera o ADN quando o análogo é incorporado no ADN replicante. Cada classe de mutagénico químico tem efeitos específicos que podem levar a transições, versões trans ou deleções...

Tratamento com colchicina, peróxido de hidrogénio e brometo de etídio

Utilizou-se tampão de fosfato de potássio em vez de soro fisiológico para a preparação da suspensão de esporos simples.

Quatro mililitros de cada suspensão de esporos simples (concentração de lx 10' esporos/ml) foram colocados em diferentes copos (capacidade de 100ml) previamente esterilizados e os esporos foram tratados com diferentes concentrações, variando de 1-10 pg de colchicina, peróxido de hidrogénio e brometo de etídio, sucessivamente num volume de 20 ml de tampão fosfato de potássio 0,01 mol/1 estéril (pH-7,0) a 30° C durante 0-40 min. Após a adição do mutagénio, todos os copos foram mantidos num agitador orbital a 120 rpm para permitir uma boa interação entre os esporos e o mutagénio. As amostras foram retiradas periodicamente de 1 em 1 minuto e os esporos recolhidos foram centrifugados para remover o mutagénio presente no sobrenadante.

O pellet formado foi lavado com o mesmo tampão, centrifugado e o sobrenadante foi decantado. Este processo de lavagem foi repetido duas vezes para remover os restos do mutagénio, a fim de evitar uma exposição adicional ao mutagénio. O pellet final foi ressuspenso no mesmo tampão e agitado em vórtex para formar uma suspensão homogénea de esporos. A suspensão de esporos (0,1 ml) foi inoculada no meio de isolamento de uma única colónia.

Fluxograma-2: Procedimento de mutagénese química

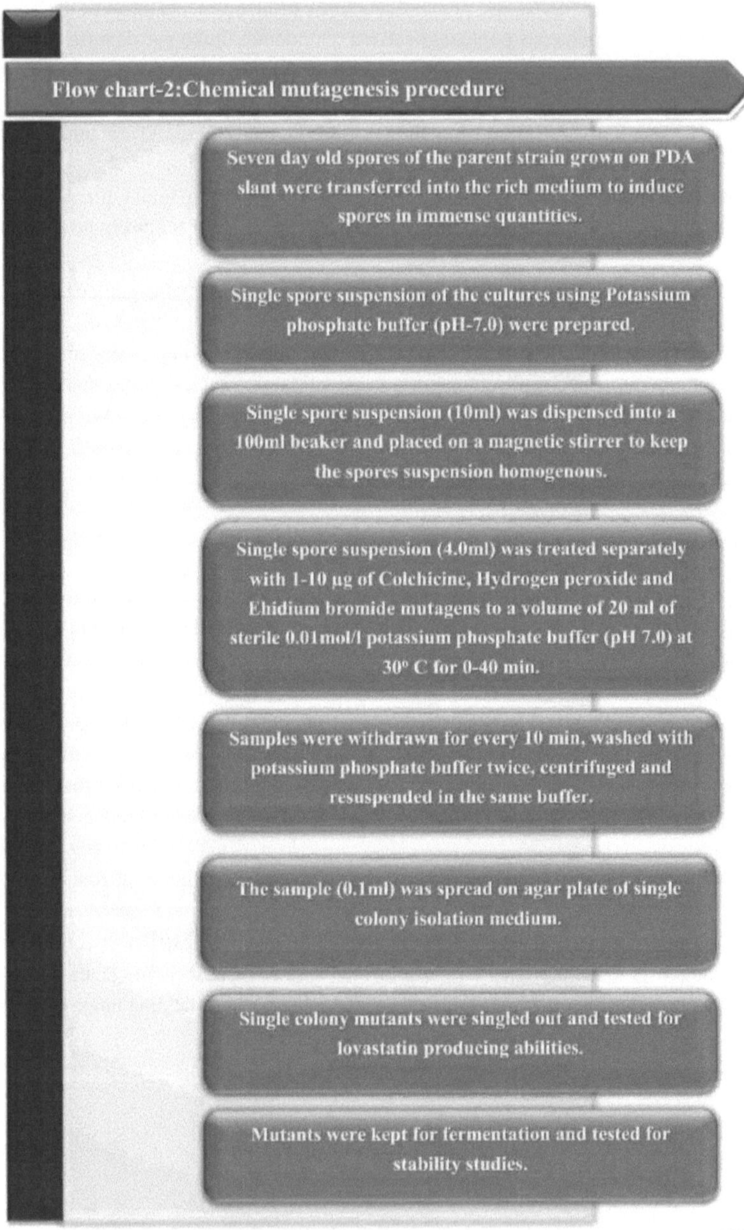

Procedimento de seleção e isolamento de mutantes

Após 12 horas de incubação no meio de isolamento de uma única colónia, as colónias foram selecionadas e as colónias sobreviventes foram examinadas quantitativamente para a produção de lovastatina por fermentação em estado sólido. Os esporos tratados foram inoculados no meio rico e cultivados. Todas as estirpes foram testadas quantitativamente quanto à produção de lovastatina por SSF. Foram selecionados os mutantes que produziam um bom rendimento.

2.XX. Atividade antimicrobiana da Lovastatina

Tendo em consideração a atividade antimicrobiana das estatinas, o extrato deste estudo, que foi purificado por cromatografia em coluna, foi também testado contra diferentes microrganismos, dos quais sete são bactérias gram-positivas, cinco são bactérias gram-negativas e sete são organismos fúngicos. Todos estes organismos foram obtidos no NCIM, Pune e no MTCC, Chandigarh, Índia e foram mantidos. Para o teste microbiológico do extrato, foi utilizado o método de difusão em ágar (Kavanagh, 1992). A zona de inibição foi medida para o extrato, contra todos os organismos utilizados para este estudo.

Atividade antibacteriana da Lovastatina

No presente estudo, a atividade antibacteriana da lovastatina foi estudada pelo método de difusão em placa de ágar (Kavanagh, 1992). O meio de ágar nutriente (Himedia, Índia) preparado foi inoculado com culturas com 18 horas de idade dos organismos de teste, que foram transferidas para placas de Petri estéreis com 15 cm de diâmetro. Deixou-se o meio nas placas assentar à temperatura ambiente (33°C) durante cerca de 10 minutos e deixou-se solidificar num frigorífico durante cerca de 30 minutos. Quatro chávenas de 6mm
de diâmetro foram colocados em cada placa a distâncias iguais. As soluções do extrato obtido por SSF, da lovastatina padrão e do antibiótico foram preparadas em dimetilsulfóxido numa concentração de 100 mg/ml cada e foram colocadas nos copos utilizando pipetas esterilizadas. O antibiótico cloranfenicol foi utilizado como padrão e o DM SO foi utilizado como controlo. As placas de Petri assim preparadas foram incubadas durante 16 horas a 30°C e foram posteriormente examinadas através da medição das zonas de inibição com a escala zonal e os resultados foram tabulados. Todas estas experiências foram efectuadas em triplicado.

Atividade antifúngica da Lovastatina

A atividade antifúngica da lovastatina foi realizada utilizando o método de difusão em placa de Agar. Preparou-se o meio nutriente de ágar batata dextrose e inoculou-se com 0,5 ml de suspensão aquosa dos organismos de teste, preparada a partir de culturas com 48 horas de idade, e transferiu-se para placas de Petri estéreis. Deixou-se o meio nas placas assentar à temperatura ambiente durante cerca de 10 minutos. Em cada placa foram colocados quatro copos de 6 mm de diâmetro a distâncias iguais. Preparou-se uma solução de reserva do extrato em estudo, do agente antifúngico (nistatina) e da lovastatina padrão numa concentração de 100 mg/ml em DMSO.

Cada solução foi colocada nos copos utilizando pipetas esterilizadas. Em cada placa, foi utilizado um copo para o controlo e outro para o padrão. A nistatina (agente antifúngico) foi utilizada como padrão de referência e o DMSO como controlo. As placas de Petri assim preparadas foram incubadas durante 48 horas a 37° C e foram posteriormente examinadas através da medição das zonas de inibição com a ajuda de uma escala zonal e os resultados foram tabulados. Todas estas experiências foram efectuadas em triplicado.

2.XXI. Análise estatística

Todas as experiências foram efectuadas em triplicado. Os resultados foram apresentados como valor médio ± desvio padrão. O rastreio de substratos e organismos foi analisado para determinar a diferença significativa entre as variáveis (substratos e organismos fúngicos) através de ANOVA de duas vias (software SPSS versão 2.0).

A análise de variância (ANOVA) refere-se ao exame das diferenças entre as médias das amostras. É utilizada para examinar a importância da diferença entre mais de duas médias amostrais em simultâneo.

As diferenças foram consideradas significativas ($P < 0,05$). A significância (valor P) foi calculada para os parâmetros de otimização, o atributo antimicrobiano da lovastatina e o processo de aumento de escala utilizando a folha de Excel manualmente. A significância (P-value) dá a importância desse parâmetro ou atividade em particular no que diz respeito à produção de lovastatina/lovastatina neste estudo.

CAPÍTULO 3
RESULTADOS E DISCUSSÃO

A fermentação em estado sólido é um método eficiente para a produção de produtos industrialmente importantes a partir de diversas fontes microbianas. A fermentação em estado sólido é um processo em que uma vasta gama de resíduos agrícolas e polímeros pode ser utilizada para o cultivo de espécies fúngicas. Vários fungos têm a capacidade de produzir lovastatina tanto pelo processo de fermentação submersa como pelo processo de fermentação em estado sólido. Embora tenham sido efectuados mais estudos sobre o processo de fermentação submersa, a fermentação em estado sólido é um método eficaz para a produção de lovastatina a baixo custo. Por conseguinte, é necessário efetuar mais estudos para a produção eficaz de lovastatina utilizando resíduos agrícolas como substrato, através de SSF. Devido à facilidade de otimização dos parâmetros, à utilização máxima do substrato e à simplicidade das etapas de processamento a jusante, a fermentação em estado sólido foi escolhida para o crescimento de bactérias e fungos (Pandey et al., 2001). As estirpes de fungos que produzem lovastatina têm a capacidade de crescer numa vasta gama de substratos sólidos em condições óptimas.

3.1. Seleção de substratos sólidos e organismos fúngicos

De acordo com relatórios anteriores, a lovastatina tinha sido produzida utilizando microrganismos por fermentação submersa. Foram efectuados muito poucos trabalhos utilizando microrganismos por fermentação em estado sólido. Este estudo trata da produção de lovastatina, utilizando organismos produtores de lovastatina por fermentação em estado sólido. Os substratos sólidos utilizados foram resíduos agro-industriais, sendo que a maioria deles não foi utilizada anteriormente em trabalhos de FSS.

3.1.1. Recolha de organismos fúngicos

As estirpes de fungos foram obtidas da National Collection of Industrial Microorganisms (NCIM), Pune e da Microbial Type Culture Collection (MTCC), Chandigarh, Índia. As estirpes utilizadas foram *Trichoderma viride* NCIM 1053, *Aspergillus fischeri* NCIM 509, *Aspergillus flavipes* NCIM 1209, *Penicillium funiculosum* NCIM 1174, *Aspergillus flavus* NCIM 1028, *Aspergillus parasiticus* NCIM 696 e *Monascus purpureus* MTCC 369.

3.1.2. Recolha de substratos sólidos

Os substratos sólidos, que são resíduos agro-industriais, foram recolhidos nas fontes locais de Visakhapatnam, Índia. Os substratos utilizados foram: sêmea de cevada, casca de trigo, sêmea de arroz, casca de arroz, cascas de amendoim, espiga de milho, bagaço de milho, palha de arroz, sêmea de milho, resíduos de pinha, casca de grama verde, casca de grama vermelha, casca de grama preta, batata doce, bagaço de uva, cascas de citrinos (laranja), bagaço de cana-de-açúcar, sêmea de trigo, grama de cavalo e polpa de laranja.

3.II. Seleção dos substratos sólidos e das estirpes de fungos para a produção de Lovastatina por SSF

Tabela-1: Seleção de estirpes e substratos para a produção de LOVASTATINA

S. No	Solid Substrate	Lovastatin yield (mg/gm of dry substrate)						
		Fungal Organisms						
		T.viride NCIM-1053	*A.fischeri* NCIM-509	*A.flavipes* NCIM-1209	*P.funiculosum* NCIM-1174	*A.flavus* NCIM-1028	*A.parastiticus* NCIM-696	*M.purpureus* MTCC-369
1.	Barley bran	2.0±0.1	3.4±0.1	1.5±0.2	3.3±0.1	2.4±0.3	3.8±0.1	2.0±0.3

2.	Wheat husk	2.5±0.3	1.6±0.1	2.6±0.3	3.5±0.4	2.8±0.1	2.8±0.2	0.8±0.3
3.	Rice bran	3.1±0.5	3.4±0.1	1.2±0.4	3.8±0.3	2.3±0.3	3.2±0.2	0.9±0.1
4.	Rice husk	1.3±0.2	1.4±0.3	2.7±0.2	3.5±0.3	2.0±0.3	0.8±0.1	1.4±0.3
5.	Ground nut shells	1.9±0.3	3.6±0.3	1.4±0.3	3.3±0.4	1.7±0.3	2.4±0.1	2.0±0.2
6.	Corn cob	0.9±0.4	2.6±0.2	2.8±0.3	3.5±0.2	2.5±0.3	1.7±0.3	1.5±0.3
7.	Corn pomace	1.0±0.3	3.0±0.2	2.3±0.3	3.5±0.1	2.2±0.1	3.4±0.3	3.1±0.2
8.	Paddy straw	1.5±0.2	0.9±0.4	1.0±0.2	3.6±0.2	1.7±0.2	1.5±0.1	1.4±0.3
9.	Corn bran	1.8±0.3	2.5±0.3	2.3±0.2	1.6±0.3	1.5±0.2	1.7±0.2	3.6±0.2
10.	Pineapple waste	0.9±0.1	2.7±0.3	1.8±0.2	3.2±0.4	2.6±0.1	0.8±0.3	1.7±0.3
11.	Green gram husk	2.8±0.3	3.6±0.3	3.5±0.2	4.5±0.1	1.9±0.2	1.9±0.3	0.9±0.3
12.	Red gram husk	1.4±0.2	2.6±0.2	2.8±0.3	2.3±0.3	0.9±0.1	1.0±0.3	1.5±0.2
13.	Black gram husk	3.3±0.3	3.9±0.3	1.9±0.4	4.9±0.3	1.3±0.1	2.3±0.2	0.9±0.3
14.	Sweet potato	2.3±0.2	1.9±0.2	0.9±0.2	3.0±0.2	2.1±0.3	1.2±0.3	1.1±0.2
15.	Grape pomace	1.3±0.3	0.7±0.3	1.6±0.3	2.7±0.2	1.3±0.3	0.8±0.4	1.7±0.3
16.	Citrus peels (orange)	1.6±0.2	1.5±0.3	2.7±0.2	3.5±0.2	1.1±0.4	0.9±0.3	1.5±0.3

17.	Sugarcane bagasse	1.8±0.2	4.3±0.2	2.0±0.3	4.6±0.2	1.3±0.3	4.0±0.4	0.9±0.3
18.	**Wheat bran**	2.1±0.3	4.7±0.3	2.2±0.4	**5.5±0.3**	1.4±0.3	4.9±0.2	1.1±0.2
19.	Horse gram	0.9±0.3	1.1±0.3	1.7±0.3	0.8±0.3	1.9±0.3	1.7±0.3	1.1±0.3
20.	Orange pulp	2.3±0.1	1.3±0.4	1.5±0.3	1.8±0.3	0.9±0.4	2.0±0.2	1.6±0.2

Os valores apresentados na tabela são médias de triplicados ±SD

A fermentação em estado sólido foi efectuada utilizando as estirpes de fungos e os substratos sólidos. Os fungos produziram lovastatina na gama de 0,8 a 5,5 mg/gm de substrato seco com os vinte substratos diferentes. No presente estudo, *o Penicillium funiculosum* apresentou o rendimento máximo de lovastatina com o substrato farelo de trigo. Todos os outros organismos e substratos, bem como as suas combinações, apresentaram um rendimento inferior ao par Pen*icillium-farelo de trigo. O Penicillium funiculosum* NCIM-1174 apresentou o rendimento mais elevado de lovastatina de 5,5 mg / g de substrato, com farelo de trigo **(Quadro-1).**

Tabela-2: As médias dos substratos sólidos utilizados pelas estirpes de fungos que influenciam o rendimento da lovastatina

Solid substrates	Mean	Std. Error	95% Confidence Interval	
			Lower Bound	Upper Bound
1.Barley bran	2.629	0.317	2.001	3.256
2.Wheat husk	2.371	0.317	1.744	2.999
3.Rice bran	2.557	0.317	1.930	3.184
4.Rice husk	1.871	0.317	1.244	2.499
5.Groundnut shells	2.329	0.317	1.701	2.956
6.Corn cob	2.214	0.317	1.587	2.841
7.Corn pomace	2.643	0.317	2.016	3.270
8.Paddy straw	1.657	0.317	1.030	2.284
9.Corn bran	2.143	0.317	1.516	2.770
10.Pineapple waste	1.957	0.317	1.330	2.584
11.Green gram husk	2.729	0.317	2.101	3.356
12.Red gram husk	1.786	0.317	1.159	2.413
13.Black gram husk	2.643	0.317	2.016	3.270
14.Sweet potato	1.786	0.317	1.159	2.413
15.Grape pomace	1.443	0.317	.816	2.070
16.Citrus peels(orange)	1.829	0.317	1.201	2.456

17.Sugarcane bagasse	2.700	0.317	2.073	3.327
18.Wheat bran	3.129	0.317	2.501	3.756
19.Horse gram	1.314	0.317	.687	1.941
20.Orange pulp	1.629	0.317	1.001	2.256

O rendimento da lovastatina depende do substrato sólido utilizado no processo de fermentação. As médias do potencial dos substratos no rendimento da lovastatina utilizada pelos organismos fúngicos no estudo estão representadas na **Tabela-2** acima. A estatística foi efectuada por ANOVA de duas vias utilizando o software SPSS 2.0

Tabela-3: Médias das estirpes de fungos utilizadas que influenciam o rendimento da Lovastatina

Organisms	Mean	Std. Error	95% Confidence Interval	
			Lower Bound	Upper Bound
Monascus purpureus MTCC- 369	1.535	0.187	1.164	1.906
Aspergillus fischeri NCIM-509	2.535	0.187	2.164	2.906
Aspergillus parasiticus NCIM-696	2.140	0.187	1.769	2.511
Aspergillus flavus NCIM-1028	1.790	0.187	1.419	2.161
Trichoderma viride NCIM-1053	1.835	0.187	1.464	2.206
Penicillium funiculosum NCIM-1174	3.320	0.187	2.949	3.691
Aspergillus flavipes NCIM-1209	2.020	0.187	1.649	2.391

O rendimento da lovastatina depende do organismo fúngico utilizado no processo de fermentação. As médias do potencial do organismo fúngico no rendimento da lovastatina no estudo estão representadas na **Tabela 3** acima. A estatística foi efectuada por ANOVA de duas vias utilizando o software SPSS 2.0.

Tabela-4: As médias dos substratos sólidos e as estirpes de fungos utilizadas que influenciam o rendimento da lovastatina

Source	**Type III Sum of Squares**	**Df**	**Mean Square**	**F**	**Sig.**
Corrected Model	76.036[a]	25	3.041	4.335	.000
Intercept	657.945	1	657.945	937.692	.000
Solid substrates	33.257	19	1.750	2.495**	.002
Fungal organisms	42.779	6	7.130	10.161**	.000
Error	79.990	114	.702		
Total	813.970	140			
Corrected Total	156.025	139			

a. R ao quadrado = 0,487 (R ao quadrado ajustado = 0,375)
** Nível de significância de 1% (P<0,01)

Existe uma diferença altamente significativa entre as médias dos substratos sólidos (i.e. P<0,01)

Existe uma diferença altamente significativa entre as médias dos organismos fúngicos (ou seja, P<0,01).

A estatística foi efectuada por ANOVA de duas vias utilizando o software SPSS 2.0.

A produção máxima de lovastatina foi registada quando *Aspergillus terreus* foi cultivado em farelo de trigo (982,3µg/g). Tem a capacidade de crescer e produzir em vários substratos, como sorgo, farelo de arroz e palha de arroz, que também mostraram atividade (Jaivel e Marimuthu, 2010).

A produção de lovastatina por processo industrial foi estabelecida em 1980, utilizando a estirpe A.terreus (Mevacor, Merck). A lovastatina foi obtida a partir de 17 estirpes de espécies diferentes de 124 estirpes testadas do género *Monascus* (Negishi *et al.,* 1986). Verificou-se que fungos como as *espécies de Aspergillus, Monascus* e *Penicillium* são organismos produtores de lovastatina (Manzoni e Rollini, 2002).

Foi registada a produção de lovastatina com *Aspergillus flavipes* por fermentação em estado sólido utilizando diferentes substratos sólidos, tais como farelo de trigo, bagaço, farinha de soja, farelo de grama, resíduos de frutos e as suas combinações.

O farelo de trigo mostrou um bom rendimento quando comparado com os outros (Valera *et al.,* 2005). No presente estudo com *Aspergillus flavipes*, a casca de grama verde (3,5 mg/gm de substrato seco) apresentou um melhor rendimento de lovastatina do que o farelo de trigo (2,2 mg/gm de substrato seco). Isto mostra que a casca de grama verde é um substrato melhor para a produção de lovastatina do que o farelo de trigo para *Aspergillus flavipes.*

Foi comprovado que *as espécies de Monascuss* produzem lovastatina através de um processo de fermentação em estado sólido, no qual foram analisados vários substratos para a produção e se verificou que o farelo de arroz deu um rendimento mais elevado através da otimização de vários substratos (Seraman *et al.,* 2009,Bibhu Prasad Panda *et al.,2009).* O Lovastain foi produzido utilizando *Monascus purpureus* por fennentação em estado sólido utilizando batata doce, batata, mandioca e dioscorea como substratos.

O substrato dioscorea deu um bom rendimento (2.584mg/kg) que foi 5,37 vezes superior ao do arroz (Lee *et al., 2006). O M. purpureus* MTCC 369 foi optimizado em SSF, tendo sido obtido um rendimento de 3,432 mg/gm (Panda *et al., 2009).* No presente estudo, o farelo de milho foi o melhor substrato para a produção de lovastatina (3,6 mg/gm de substrato seco) por *Monascuspurpureus.*

A produção de lovastatina por *Aspergillus parasiticus* por SSF usando farelo de arroz deu um rendimento de 3,0 mg/gm de substrato seco (Geeta Aparna e Sri Rami Reddy, 2011). No presente estudo, o farelo de trigo deu um melhor rendimento de lovastatina (4,9 mg/gm de substrato seco) por *Aspergillus parasiticus* do que o farelo de arroz e outros substratos.

Aspergillus fischeri mostrou um aumento na produção de lovastatina quando a casca de grama preta foi usada como substrato (Pallem *et al.,* 2011). No presente trabalho, o farelo de trigo mostrou uma capacidade máxima de produção de lovastatina pelo organismo.

Várias espécies de *Aspergillus* provaram a sua capacidade de produzir lovastatina utilizando farelo de trigo como substrato. Várias outras espécies como *Monascus sp, Penicillium funiculosum, Pleurotus ostreatus* também produziram lovastatina utilizando farelo de trigo como substrato (Valera *et al.*, 2005, Sri Rami Reddy *et al.*, 2011, Lakshmanan e Radha, 2012).

Após o rastreio de estirpes e substratos, o extrato obtido por SSF de *Penicillim funiculosum* e farelo de trigo foi estudado mais aprofundadamente, uma vez que mostrou o rendimento máximo de lovastatina. Como *o Penicillim funiculosum* foi utilizado para um estudo mais aprofundado, a fim de verificar a pureza do organismo, este foi corado e observado utilizando um microscópio monocular e mostrado nas figuras 12, 13, 14 e 15, respetivamente.

3.III. Crescimento de *Penicillium funiculosum* em PDA

Figura-12: Vista frontal do crescimento de *Penicillium funiculosum* em PDA

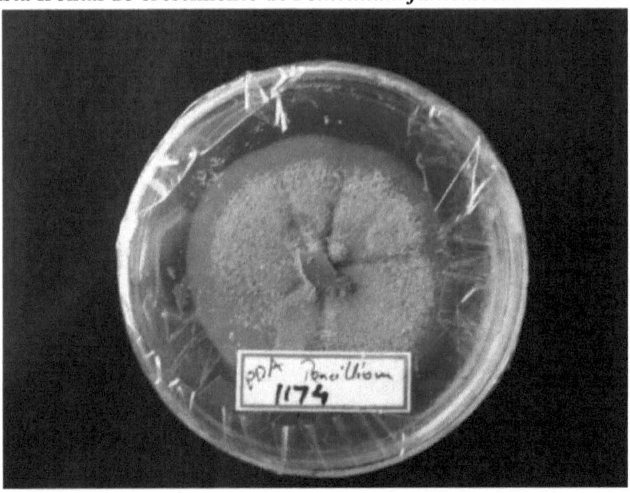

Figura-13: Vista inferior do crescimento *de Penicillium funiculosum* em PDA

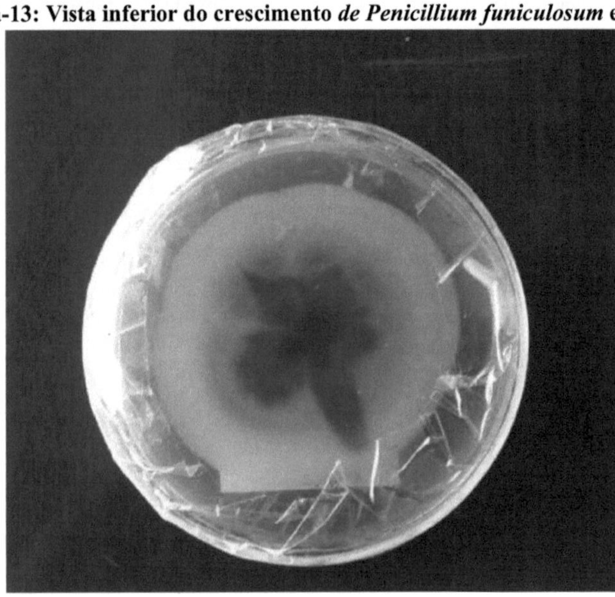

Figura 14: Coloração microscópica *de Penicillium funiculosum*

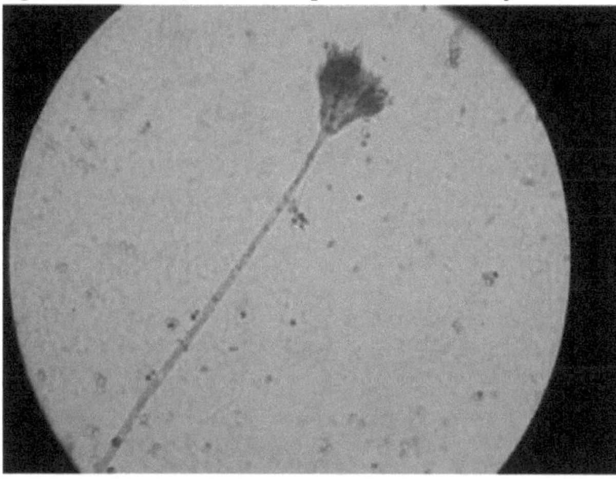

Figura-15:Coloração microscópica *de Penicillium funiculosum*

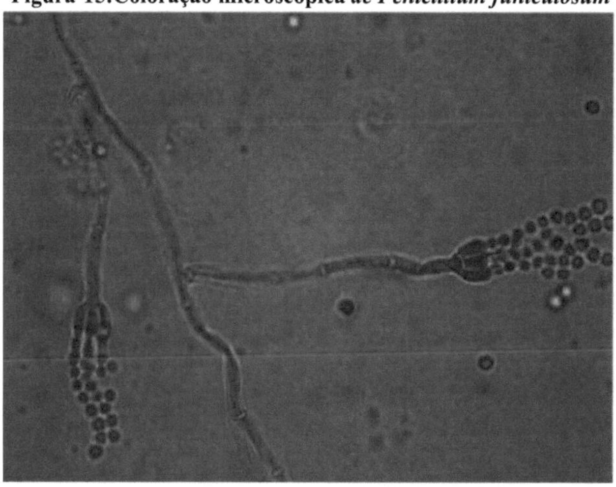

A amostra foi submetida ao teste de bioensaio e, em seguida, a lovastatina foi separada do extrato bruto por cromatografia em coluna e a amostra purificada foi submetida a análise cromatográfica em camada fina, análise HPLC, método IR e método NMR.

3 .IV. Método do bioensaio (rastreio antifúngico) Bioensaio em *Neurospora crassa*

Foram utilizados no bioensaio esporos de *Neurospora crassa* NCIM-863 cultivados em placas de ágar Sabourad dextrose (SDA) durante 10 dias. Após a incubação, a zona de inibição foi medida. A zona de inibição é diretamente proporcional à presença de lovastatina. O extrato obtido por SSF de *Penicillium funiculosum* em farelo de trigo mostrou uma zona de inibição no bioensaio que se deveu à presença de lovastatina na amostra. Isto deveu-se à propriedade antifúngica da forma β-hidroxiácida da lovastatina e ao seu efeito inibidor sobre o fungo *Neurospora crassa* (Sree Devi *et al.,* 2011). As zonas de inibição são apresentadas na **Figura-16.**

Tabela-5: Zonas de inibição em *Neurospora crassa* por Lovastatina

S.No	Agent tested	Zone of inhibition (in mm±SD)
1.	Fluconazole(antifungal agent)	16mm±0.3
2.	Standard lovastatin	16mm±0.2
3.	Lovastatin crude extract	12mm±0.3

Figura 16: Zonas de inibição em *Neurospora crassa*

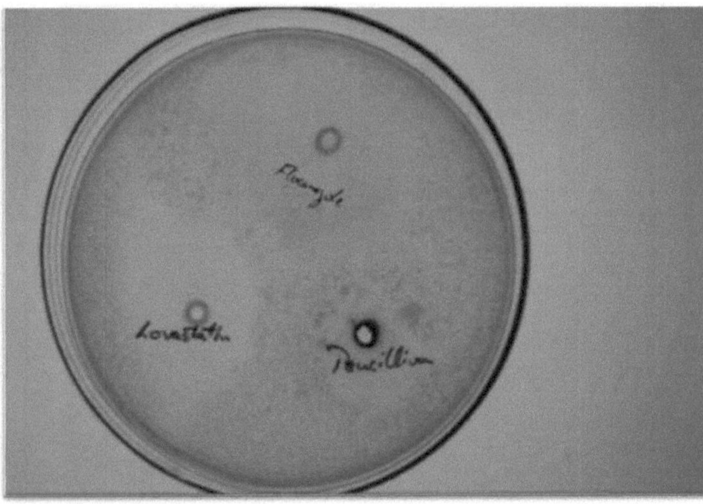

Uma técnica para o rastreio de estirpes produtoras de lovastatina de *Aspergillus terreus* por tampão de ágar e *Neurospora crassa* (Sitaram Kumar *et al.,* 1999) tinha mostrado zonas de inibição de 12-22 mm. No presente estudo, o extrato de *Penicillium funiculosum* mostrou uma zona de inibição de 12 mm. Uma técnica de rastreio que foi adoptada por Vilches *et al.,* (2005), utilizou *Candida albicans,* que mostrou uma maior zona de inibição para os extractos obtidos de organismos produtores de lovastatina. Este método revelou-se económico e menos moroso.

Foi efectuada uma cromatografia em coluna com hexano, etanol e metanol antes da análise cromatográfica em camada fina. A fração obtida a partir do metanol tem a mesma mobilidade que o padrão e foi evaporada até à secura. Assim, a lovastatina foi separada do extrato bruto por cromatografia em coluna e a amostra foi submetida a TLC (Gunde- cimerman *et al.,* 1993). O extrato bruto de lovastatina foi purificado por cromatografia em coluna por eluição da coluna de forma gradual com diclorometano e acetato de etilo (Raghunath *et al.,* 2012)

3 .V. Análise da presença de lovastatina na amostra purificada por cromatografia em camada fina

Na cromatografia em camada fina, a distância percorrida pela frente do solvente, pela lovastatina padrão e pela amostra de ensaio foi de 11 cm, 9,1 cm e 9,2 cm, respetivamente, a partir da linha de base. O valor de R_f da lovastatina padrão e da amostra de ensaio foi de 0,701 e 0,70, respetivamente

(Quadro 6). O valor R_f da amostra de teste foi quase semelhante ao da lovastatina padrão.

Tabela-6: Valores Rf da amostra padrão e da amostra de ensaio no sistema de solventes Tolueno:Etanol

S.No.	**Solvent system**	**R_f Standard**	**R_f Test sample**
01	Toluene: Ethanol (4:1)	0.701	0.70

Figura-17: Cromatografia em camada fina

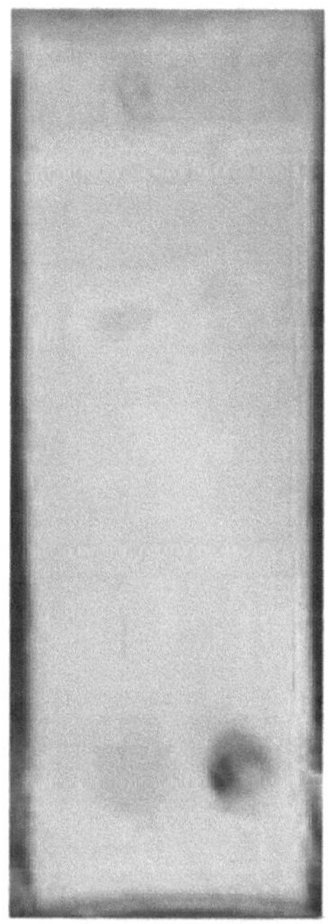

No presente estudo, a amostra de teste foi analisada quanto à presença de lovastatina, comparando o R_f da lovastatina padrão. Sree Devi *et al.* (2011) realizaram estudos semelhantes com o extrato de *Aspergillus terreus* por SSF na produção de lovastatina. Os valores de R_f do padrão de lovastatina e da amostra relatados foram 0,70 e 0,70, respetivamente, que são semelhantes. Os fungos isolados de *Taxus baccata* foram analisados por TLC para a lovastatina por Raghunath *et al.,* (2012).

λ_{max} Verificação

A confirmação por TLC foi seguida da verificação do λmax da lovastatina a 238 nm. Tanto o extrato da amostra como o padrão exibiram λmax a 238 **nm (figura-18).** O extrato e o padrão de lovastatina (dissolvidos em metanol) foram analisados entre 200-400 nm num espetrofotómetro UV (Shimadzu) para determinar o $\lambda_{.max}$

Figura 18: Espectro de UV da Lovastatina

A análise quantitativa e λ_{max} por espetrofotómetro UV para a amostra produzida por *Aspergillus niger* como produtor de lovastatina por fermentação em estado sólido em farelo de trigo foi relatada por Raghunath *et al.,* (2012).O espetro UV da lovastatina produzida pela estirpe local de *Monascus purpureus* mostrou absorção máxima em λ=238 nm (Ahmed e Roquia, 2012).

3.VI. Análise por cromatografia líquida de alta resolução

O padrão e a amostra purificada foram analisados por cromatografia líquida de alta eficiência (HPCL) na forma de lactona (Morovjan *etal.,* 1997).

A análise por HPLC também confirmou a presença de lovastatina no extrato fúngico. O tempo de retenção da forma de lactona da lovastatina padrão e da amostra é de 15,669 e 15,669, respetivamente, e fundiram-se como se mostra na **Figura-19.** Nos extractos de cultura tratados, o fármaco existe em equilíbrio entre a forma de lactona e a forma de hidroxiácido (Watson, 2005).

Os outros picos na figura podem ser devidos à presença de impurezas ou outros compostos não identificados da amostra.

Figura-19: HPLC da Lovastatina padrão e da amostra purificada

LAILA IMPEX HPLC REPORT

SAMPLE INFORMATION

Sample Name:	LOVASTAIN STD (ISOLATE)	Acquired By:	System
Sample Type:	Unknown	Sample Set Name:	LOV12APR0302
Vial:	1	Acq. Method Set:	LOVASTAIN_METSET
Injection #:	1	Processing Method:	LOVASTAIN
Injection Volume:	20.00 ul	Channel Name:	2998 Ch1 238nm@1.2nm
Run Time:	20.0 Minutes	Proc. Chnl. Descr.:	2998 Ch1 238nm@1.2nm

Date Acquired: 4/3/2012 12:08:31 PM IST
Date Processed: 4/4/2012 1:25:50 PM IST

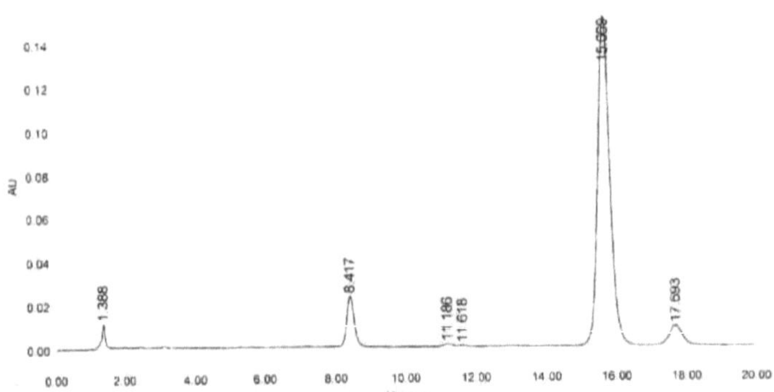

	RT	Area	% Area	Height
1	1.388	39228	0.92	8642
2	8.417	330728	7.77	22900
3	11.186	14570	0.34	992
4	11.618	2890	0.07	242
5	15.669	3630874	85.27	151335
6	17.693	239631	5.63	8874

Reported by User: System
Report Method: LAILA IMPEX HPLC REPORT
Report Method ID: 1031
Page: 1 of 1

Project Name: SYSTEM_02\LOVASTAIN
Date Printed:
4/7/2012
9:13:59 AM Asia/Calcutta

Sree Devi *et al.* (2011) realizaram estudos semelhantes sobre o extrato de *Aspergillus terreus* através de SSF na produção de lovastatina. O tempo de retenção da forma de lactona da lovastatina padrão e da amostra foi de 5,30 e 5,160, respetivamente.

A semelhança no tempo de retenção (RT) do pico mostrado nos cromatogramas da lovastatina padrão (RT-4,766 min) e da amostra *de Aspergillus niger* (RT- 4,766), respetivamente, foi relatada por Raghunath *et al.*, (2012) na realização de HPLC.

3.VII. Determinação por espetroscopia de infravermelhos

A preparação das amostras para a espetroscopia de infravermelhos foi feita de acordo com o método de Watson (2005), misturando uma parte do extrato da amostra com 100 partes de parafina líquida. A mistura foi completamente suspensa e depois colocada numa célula de cloreto de sódio e digitalizada num espetrofotómetro de I.R. (Shimadzu).

Interpretação do espetro de I.R.

O espetro de infravermelhos (KBr) mostra na Figura 20 bandas de absorção a 3548cm$^{'1}$ (vibração de estiramento O-H do álcool/fenol), 2944cm$^{'1}$,2820cm$^{'1}$ (vibração alifática de estiramento C-H do metilo e do metileno) , 1709cm$^{'1}$ (estiramento C=O do carbonilo da lactona e do éster), 1455Cm-^{1} (estiramento C-C no anel aromático) e 1266cm$^{'1}$, 1060cm$^{'1}$ (vibração de flexão C-O-C da lactona e do éster).Basicamente, a estrutura da lovastatina contém os grupos funcionais lactona e hidroxilo. A presença destes dois grupos funcionais específicos da lovastatina no espetro de IV do extrato confirma a presença de lovastatina no extrato.

Figura 20: Espectro de IV da amostra de Lovastatina purificada

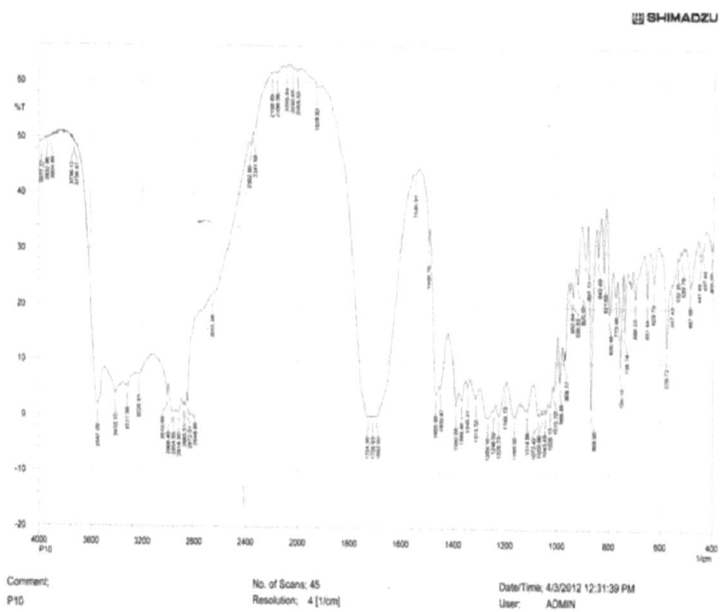

O espetro infravermelho da lovastatina produzida pela estirpe local de Monascus purpureus foi relatado por Ahmed e Roquia, (2012). Verificou-se que os dados da lovastatina estavam em concordância com os dados espectrais registados (Endo, 1979, *Ahmad et al.*, 2009).

3.VIII. Espectro de ressonância magnética nuclear

Figura-21: Espectro de ressonância magnética nuclear da Lovastatina padrão a 400MHz

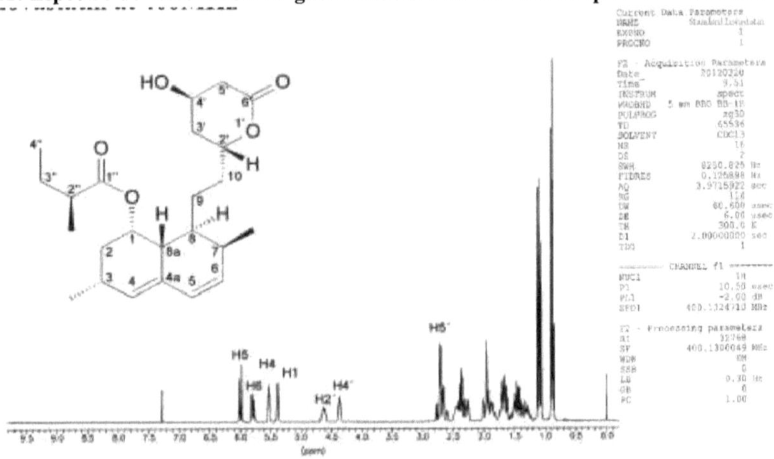

Figura -22: Espectro de RMN do Lovastain purificado a 400 MHz

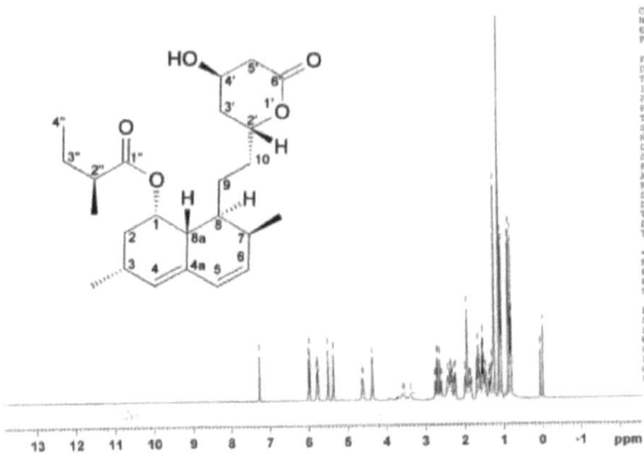

A estrutura da lovastatina na amostra foi identificada por RMN de 1H. As curvas de calibração da lovastatina padrão e do extrato foram comparadas. A determinação da lovastatina por RMN revelou ressonâncias a 8 6,05-6,01 ppm, 8 5,90-5,84 ppm, 8 5,61-5,56 ppm, 8 5,37-5,32ppm, 8 4,39-4,34 ppm (região de campo médio) e 8 2.85-2,76 ppm, 8 2,63-2,56 ppm, 8 2,44-2,33 ppm, 8 1,98-1,93 ppm, 8 1,64-1,57 ppm, 8 0,91-0,85 ppm (intervalo alifático) (Holzgrabe *et al,* 1998). Os dados da literatura, juntamente com a previsão espetral, mostraram que o multipleto a 8 5,37-5,32 ppm pertencia claramente a um átomo H na porção hexa-hidronaftaleno, muito provavelmente H6, H4 ou uma sobreposição dos sinais de ambos os átomos **(Figura-22).** Verificou-se que os dados espectrais de RMN de 1H da lovastatina estão em concordância com os dados espectrais comunicados. O espetro de RMN do extrato confirma a presença de lovastatina em comparação com o espetro de RMN da lovastatina padrão. A diferença entre os picos nos espectros de RMN da amostra purificada pode dever-se à presença de impurezas.

As aplicações da espetroscopia de RMN na análise de medicamentos foram revistas por Ulrike *et al.*, (1997). Dirk *et al.*, (2012) desenvolveram um ensaio de RMN para determinar o teor de estatina em levedura de arroz vermelho. A determinação da ressonância magnética nuclear para a lovastatina produzida por *Aspergillus niger* por SSF com farelo de trigo foi relatada por Raghunath *et al.*, (2012).

Dado o potencial *do Penicillium funiculosum* na produção de lovastatina, procedeu-se à otimização dos parâmetros para melhorar a produção de lovastatina.

3. IX. Otimização dos parâmetros do processo

Efeito do tempo de fermentação na produção de Lovastatina

Para estudar a influência do tempo de fermentação na produção de lovastatina, os frascos de cultura foram incubados em tempos de fermentação variáveis, de 2 a 7 dias. Os frascos foram analisados a cada 24 horas. O rendimento máximo de 5,90 mg/gm de substrato foi obtido no 5th dia de incubação **(Tabela-7)** e o rendimento diminuiu com o aumento do período de tempo.

Tabela-7: Efeito do tempo de fermentação na produção de Lovastatina

Fermentation time (days)	Lovastatin yield (mg/gm of dry substrate)
2	1.6±o.2
3	2.7±0.3
4	4.3±0.1
5	**5.90±0.2**
6	5.7±0.3
7	5.6±0.1

Os valores apresentados na tabela são médias de triplicados ±SD

A lovastatina é um produto intracelular, a sua acumulação nos micélios está relacionada com o crescimento e aumenta simultaneamente à medida que a célula cresce (Pie-Lian *et al.*, 2007). No presente estudo, o rendimento diminuiu após cinco dias de incubação, o que pode ser devido ao início da fase de morte do organismo. A produção de lovastatina aumentou do dia 2nd para o dia 5th , o que explica que a lovastatina é um tipo de metabolito secundário e que a sua acumulação nos micélios está relacionada com o crescimento.

Valera *et al.*, (2005), registaram o maior rendimento de lovastatina aos seis dias de incubação com *Aspergillus flavipes* utilizando farelo de trigo como substrato sob SSF. Xu *et al.*, (2005) registaram o rendimento máximo de lovastatina aos catorze dias de incubação com *Monascus ruber* utilizando arroz cozido a vapor como substrato sob SSF. Pie-Lian *et al.*, (2007) registaram o rendimento mais elevado de lovastatina aos onze dias de incubação com *Aspergillus flavipes* utilizando pó de arroz como substrato sob SSF.

Efeito da temperatura na produção de Lovastatina

Para determinar o efeito da temperatura na produção de lovastatina, os frascos de cultura foram incubados a temperaturas de fermentação variáveis de 26°C, 28°C, 30°C, 32°C e 34°C. Os frascos foram analisados após seis dias de incubação. O rendimento máximo de 6,3 mg/gm de substrato foi observado a 30°C **(Tabela-8).** Um aumento adicional da temperatura diminuiu a produção de lovastatina.

Tabela-8: Efeito da temperatura na produção de Lovastatina

Temperature (^{0}C)	Lovastatin yield (mg/gm of dry substrate)
26	3.5±0.3
28	4.2±0.2
30	**6.3±0.4**
32	5.2±0.2
34	5±0.2

Os valores apresentados na tabela são médias de triplicados ±SD

Esta diminuição do rendimento pode dever-se ao calor que se acumula no meio durante a SSF aeróbia mesofílica. Devido à fraca dissipação do calor, que pode levar a uma maior diminuição do nível de oxigénio, reduz-se o crescimento do organismo testado.

Isto resulta, simultaneamente, na diminuição da produção de lovastatina, uma vez que a lovastatina é um produto relacionado com o crescimento.

Pie-Lian *et al.,* (2007), registaram um rendimento máximo de lovastatina a 30°C com *Aspergillus terreus* sob SSF. Panda *et al.,* (2008), também registaram o maior rendimento de lovastatina a 30°C utilizando a co-cultura de *Monascus purpureus* e *Monascus ruber* sob SSF.

Efeito do teor de humidade na produção de Lovastatina

Para determinar o efeito do teor de humidade, que é o fator mais crítico na SSF, os frascos de cultura foram incubados, variando o teor de humidade. O teor de humidade varia de 40% a 130% v/w. Os frascos foram analisados após seis dias de incubação.

O rendimento mais elevado de lovastatina, 7,7 mg/gm de substrato, foi obtido com um teor de humidade de 90% v/w **(Quadro 9).** Este volume de humidade foi absorvido pelo substrato e, simultaneamente, reteve a sua forma sólida, favorecendo a formação de mais micélios e a acumulação de produto. O rendimento diminuiu com o aumento do teor de humidade.

Tabela-9: Efeito do teor de humidade na produção de Lovastatina

Moisture content (%v/w)	Lovastatin yield (mg/gm of dry substrate)
40	2.9±0.2
50	4.6±0.1
60	6.6±0.3
70	6.8±0.3
80	7.1±0.2
90	**7.7±0.2**
100	6.5±0.1

110	5.9±0.2
120	5.1±0.3
130	4.9±0.3

A diminuição do rendimento com um maior aumento do teor de humidade pode dever-se a uma redução da porosidade do substrato, a alterações na estrutura das partículas do substrato, à redução do volume de oxigénio e à redução do crescimento micelial. Por outro lado, um baixo nível de humidade pode diminuir a solubilidade dos nutrientes, reduzir o inchaço do substrato e diminuir a retenção de água pelo substrato. Com um baixo teor de humidade, o oxigénio disponível é suficiente, mas o teor de água não é suficiente para suportar uma boa atividade metabólica. Todas estas condições resultam num crescimento deficiente dos micélios e na acumulação de produtos (Pansuriya e Singal, 2009).

Valera *et al.*, (2005), registaram a maior produção de lovastatina com *Aspergillus fischeri* a 60% de humidade sob SSF. Pei-Lian *et al.*, (2007), registaram um rendimento máximo de lovastatina com *Aspergillus terreus* a 60% de humidade sob SSF.

Efeito da idade do inóculo na produção de Lovastatina

Para determinar a idade óptima do inóculo para a produção de lovastatina, foram feitas experiências variando a idade do inóculo de 2 dias a 8 dias. O meio de produção foi incubado com diferentes idades de inóculo. Os frascos foram analisados após seis dias de incubação. O rendimento máximo de lovastatina de 8,5 mg/gm de substrato foi obtido com a idade do inóculo de 6 dias. Os resultados foram apresentados em

Tabela-10: Efeito da idade do inóculo na produção de Lovastatina

Inoculum age (days)	Lovastatin yield (mg/gm of dry substrate)
2	4.1±0.3
3	5.3±0.1
4	6.4±0.3
5	6.8±0.2
6	**8.5±0.2**
7	6.5±0.3
8	5.3±0.2

Os valores apresentados na tabela são médias de triplicados ±SD

Aspergillus parasiticus NCIM 696 deu um rendimento de 9,2 mg/gm de substrato seco a uma idade de inóculo de 6 dias (Geeta Aparna *et al.*, 2011), enquanto neste estudo a uma idade de inóculo de 6 dias o rendimento foi de 8,5 mg/gm de substrato seco. Foi demonstrado que a produção de biomassa e lovastatina por fermentação sólida ou submersa de fungos iniciada por esporos depende da idade dos esporos utilizados para inoculação. O controlo da idade dos esporos na inoculação da fermentação é necessário para obter uma produção óptima de lovastatina. Porcel *et al.*, (2006) registaram o maior rendimento de lovastatina *por Aspergillus terreus* com uma idade de esporos de 16 dias.

Efeito da concentração do inóculo na produção de Lovastatina

Para avaliar o efeito da concentração do inóculo na produção de lovastatina, concentrações variáveis como 20, 30, 40, 50, 60 e 70% p/v do inóculo com seis dias de idade foram adicionadas aos frascos de cultura e incubadas. Os frascos foram analisados após seis dias. O rendimento máximo de 10,9 mg/gm de substrato foi obtido com a concentração de 50% p/v

Tabela-11: Efeito da concentração do inóculo na produção de Lovastatina

Inoculum concentration (%w/v)	Lovastatin yield (mg/gm of dry substrate)
20	4.2±0.2
30	7.0±0.3
40	8.5±0.1
50	**10.9±0.2**
60	10.3±0.3
70	9.1±0.1

Os valores apresentados na tabela são médias de triplicados ±SD

Com o aumento da concentração do inóculo, o rendimento diminui devido ao esgotamento dos nutrientes no meio de produção, e o excesso de líquido livre presente numa forma não absorvida dá origem a uma barreira difusional, imposta pela natureza sólida do substrato, que conduz a um crescimento micelial e à formação de produto deficientes. Simultaneamente à baixa concentração de inóculo, o rendimento também é baixo devido à insuficiência de micróbios para formar micélios e acumular lovastatina. Panda *et al.*, (2009), também registaram o maior rendimento de lovastatina com uma concentração de inóculo de 50% p/v utilizando *Monascus ruber* 369 em SSF. A fermentação efectuada com diferentes concentrações de inóculo (10-60 %v/w) de uma cultura de *Aspergillus parasiticus* com seis dias de idade durante um período de 120 horas para estudar o seu efeito na produção de lovastatina foi registada com um rendimento máximo de 6,8 mg/gm de substrato seco com uma concentração de inóculo de 20 % v/w (Geeta Aparna e Sri Rami Reddy, 2011).

Efeito do pH na produção de Lovastatina

Para determinar o efeito do pH na produção de lovastatina, foi mantido um intervalo de pH entre 4,0 e 8,0, com soluções tampão e incubado durante seis dias. Os frascos de cultura foram analisados após seis dias. O rendimento máximo de 11,9 mg/gm de substrato foi registado a pH 6,0 **(Tabela-12).**

Tabela-12: Efeito do pH na produção de Lovastatina

pH	Lovastatin yield (mg/gm of dry substrate)
4.0	10.9±0.3

5.0	11.1±0.4
6.0	**11.9±0.2**
7.0	10.8±0.2
8.0	9.1±0.1

Os valores apresentados na tabela são médias de triplicados ±SD

O pH influencia fortemente muitos processos enzimáticos e o transporte de vários componentes através da membrana celular, o que, por sua vez, apoia o crescimento celular e a formação de produtos. A maioria dos fungos cresce ativamente em pH ácido. Valera *et al.*, (2005), registaram a maior produção de lovastatina *com Aspergillus fischeri* a pH 5,0 sob SSF. Pei-Lian *et al.*, (2007), registaram a produção máxima de lovastatina com *Aspergillus terreus* a pH 5,5 sob SSF. Panda *et al.*, (2008), também registaram o maior rendimento de lovastatina a pH 6,0 utilizando co-culturas de *Monascus purpureus* e *Monascus ruber* sob SSF.

Efeito da dimensão das partículas do substrato na produção de Lovastatina

Para estudar o efeito do tamanho das partículas do substrato na produção de lovastatina, foram utilizadas várias malhas de 25, 36, 44, 52, 60, 72, para fazer as partículas de substrato necessárias. Os frascos de cultura foram incubados durante 6 dias e analisados após 6 dias. As partículas de substrato de tamanho de malha 44 deram o maior rendimento de 13,1 mg/gm de substrato **(Tabela-13).**

Tabela 13: Efeito do tamanho das partículas do substrato na produção de Lovastatina

Substrate particle size (mesh size)	Lovastatin yield (mg/gm of dry substrate)
25	11±0.3
36	12.5±0.1
44	**13.1±0.2**
52	11.8±0.2
60	10.5±0.3
72	8.5±0.1.2

Os valores apresentados na tabela são médias de triplicados ±SD

Entre vários factores importantes para o crescimento microbiano e a produção de metabolitos secundários, a utilização de um determinado tamanho de partícula de substrato é um fator importante e crítico. De um modo geral, as partículas de substrato mais pequenas proporcionam uma maior área de superfície para a fixação de micróbios, o que é favorável ao crescimento micelial e à acumulação de produtos. No entanto, se o tamanho do substrato for demasiado pequeno, pode resultar na aglomeração do substrato após a autoclavagem, como acontece na maioria dos casos. Assim, a redução do espaço vazio entre as partículas e o aumento da resistência à transferência de massa de oxigénio são desfavoráveis ao crescimento micelial e à produção de lovastatina. Em contrapartida, as partículas maiores proporcionam uma melhor eficiência de arejamento, mas oferecem um espaço limitado para o crescimento micelial (Pie-Lian *et al.*, 2007).

Valera *et al.*, (2005) registaram o maior rendimento de lovastatina utilizando farelo de trigo com um tamanho de partícula entre 0,3 e 0,5 μ m por *Aspergillus flavipes* em SSF. Pie-Lian *et al.*, (2007), referiram que as partículas de arroz de 840μ m eram mais adequadas para a produção de lovastatina por *Aspergillus terreus* em SSF.

3.X. Suplementação de nutrientes

Dos principais nutrientes da cultura, as fontes de carbono e azoto desempenham geralmente um papel dominante na produtividade da fermentação, porque estes nutrientes estão diretamente ligados à formação de biomassa e do metabolito. Verificou-se que a biossíntese da lovastatina depende das fontes de carbono e de azoto (Xu *et al.*, 2005).

Foram avaliados os efeitos de várias fontes de carbono e azoto na produção de lovastatina.

Efeito da suplementação com carbono na produção de Lovastatina

Para determinar o efeito das fontes de carbono no rendimento da lovastatina, foram testadas diferentes fontes de carbono, tais como amido solúvel, xilose, maltose, sacarose, glucose e lactose, a uma concentração de 1% p/v, juntamente com as outras condições optimizadas para o meio de fermentação. Os frascos de cultura foram incubados durante seis dias e foram analisados ao fim de seis dias.

Entre as diferentes fontes de carbono testadas, a lactose aumentou significativamente a produção de lovastatina, com um rendimento de lovastatina de 12mg/gm de substrato seco **(Tab. 14)**, quando comparada com as outras fontes de carbono.

Tabela 14: Efeito de diferentes fontes de carbono na produção de Lovastatina

Carbon source (1% w/v)	Lovastatin yield (mg/gm of dry substrate)
Soluble starch	9.1±0.1
Xylose	9.9±0.4
Maltose	10.1±0.3
Sucrose	10.5±0.2
Glucose	11.0±0.2
Lactose	**12.0±0.2**

Os valores apresentados na tabela são médias de triplicados ±SD

Valera *et al.*, (2005), mostraram que a lactose é uma fonte de carbono favorável para a produção de lovastatina com *Aspergillus fischeri* utilizando farelo de trigo a pH 5,0 sob SSF. Xu *et al.* (2005) registaram um aumento significativo da produção de lovastatina utilizando sacarose e glicerol como suplementos de carbono e glicose como repressor para a produção de lovastatina com *Monascus ruber,* utilizando arroz cozido a vapor como substrato, sob SSF.

Efeito da concentração de lactose na produção de Lovastatina

Para otimizar a concentração do suplemento de carbono optimizado (lactose), foram adicionados 1,0, 2,0, 3,0, 4,0, 5,0 % p/v de lactose ao meio de produção com outras condições optimizadas e incubados durante seis dias. O rendimento máximo de lovastatina de 13 mg/gm de substrato seco **(Tabela-15)** foi obtido a uma concentração de 2% p/v de lactose.

Tabela 15: Efeito da concentração de lactose na produção de Lovastatina

Concentration of Lactose (% w/v)	Lovastatin yield (mg/gm of dry substrate)
1.0	12.0±0.4
2.0	**13.0±0.3**
3.0	11.1±0.2
4.0	10±0.3
5.0	9.3±0.2

Os valores apresentados na tabela são médias de triplicados ±SD

Registou-se um aumento inicial da produção de lovastatina de 1% para 2% da concentração de lactose (p/v). Em seguida, verificou-se uma diminuição gradual da produção de lovastatina à medida que a concentração de lactose aumentou, indicando que a concentração optimizada de lactose é de 2% p/v.

O Aspergillus fischeri apresentou um aumento da produção de lovastatina quando a casca de grama preta foi utilizada como substrato. Neste processo, o rendimento foi aumentado pela adição de fontes de carbono sintéticas como a lactose e extractos de malte (Pallem *et al.*, 2011).

Efeito da suplementação com azoto na produção de Lovastatina

Para determinar o efeito das fontes de azoto no rendimento da lovastatina, foram testadas diferentes fontes de azoto orgânico e inorgânico, como a ureia, o extrato de levedura, a peptona, o nitrato de amónio, o sulfato de amónio e o nitrato de sódio, a uma concentração de 1% p/v. Outras condições optimizadas foram também aplicadas ao meio de fermentação e incubadas durante seis dias. Os frascos foram analisados após seis dias. Foi obtido um rendimento máximo de 12,5 mg/gm de substrato seco **(Quadro 16)** com sulfato de amónio, em comparação com as outras fontes de azoto.

Tabela 16: Efeito de diferentes fontes de azoto na produção de Lovastatina

Nitrogen source (1% w/v)	Lovastatin yield (mg/gm of dry substrate)
Urea	8.4±0.2
Yeast extract	9.0±0.3
Peptone	10.0±0.3
Ammonium nitrate	10.9±0.2
Ammonium sulphate	**12.5±0.2**
Sodium nitrate	10.5±0.2
Malt extract	9.4±0.1

Os valores apresentados na tabela são médias de triplicados ±SD

Xu *et al.*, (2005), relataram um aumento significativo na produção de lovastatina usando extrato de levedura como fonte de azoto orgânico e nitrato de sódio como aditivo de azoto inorgânico para *Monascus ruber* usando arroz embebido como substrato sob SSF.

Efeito da concentração de sulfato de amónio na produção de Lovastatina

Para otimizar a concentração do suplemento de azoto optimizado (sulfato de amónio) na produção de lovstatina, foram adicionadas ao meio de produção diferentes concentrações de 1,0, 2,0, 3,0, 4,0, 5,0% p/v de sulfato de amónio, juntamente com as outras condições optimizadas. Os frascos de cultura foram incubados durante seis dias e foram analisados após seis dias. O rendimento máximo de lovastatina de 13,6 mg/gm de substrato seco foi obtido a uma concentração de 1% p/v **(Tabela-17).**

Quadro 17: Efeito da concentração de sulfato de amónio na produção de Lovastatina

Concentration of Ammonium sulphate (%w/v)	Lovastatin yield (mg/gm of dry substrate)
1.0	**13.6±0.2**
2.0	12.5±0.3
3.0	10.9±0.1
4.0	10.1±0.3
5.0	9.9±0.1

Os valores apresentados na tabela são médias de triplicados ±SD

À medida que a concentração de sulfato de amónio aumentava de 1% para 5% p/v, o rendimento da lovastatina diminuía gradualmente, indicando que a concentração optimizada de sulfato de amónio era de 1% p/v. O rendimento da lovastatina obtido através da implementação de todos os parâmetros optimizados no SSF foi: 14,5 mg/gm de substrato seco.

Os parâmetros optimizados para *Penicillium funiculosum* com farelo de trigo para a produção de Lovastatina sob SSF foram

Tempo de incubação: 5 dias
Temperatura de incubação: 30°C
Teor de humidade: 90%v/w
Idade do inóculo: 6 dias
Concentração do inóculo: 50% v/w
pH: 6,0
Granulometria do produto (N.º de malha) : Malha 44
Fonte de carbono: 2% p/v Lactose
Fonte de azoto: 1% p/v de sulfato de amónio

Os estudos de fermentação revelaram que os parâmetros de otimização para *Aspergillus fischeri* como a humidade relativa de 60%, pH5, temperatura de 30°C com lactose e extrato de malte são os mais adequados (Chanakya *et al.*, 2011).

Monascus purpureus MTCC 369 foi optimizado em SSF onde o rendimento de 3,432 mg/g foi relatado a um nível ótimo de inóculo de 5 ml, pH 6,0 e um período de tempo de 14,43 dias (Panda *et al.,* 2009).

No presente estudo, o tempo de fermentação, a temperatura, o teor de humidade, a idade do inóculo, a concentração do inóculo e a concentração de lactose mostraram um efeito significativo na produção de lovastatina (P<0,01) e o pH, o tamanho das partículas do substrato e a suplementação de azoto não tiveram um efeito significativo na produção de lovastatina (P>0,05).

Os resultados também mostraram que 5 dias de tempo de fermentação, temperatura de 30°C, teor de humidade de 90%, idade do inóculo de 6 dias, concentração do inóculo de 50%, pH 6, suplementação de carbono com lactose (2%) e suplementação de azoto com sulfato de amónio (1%) são as melhores condições para a produção de lovastatina por SSF. A produção máxima de lovastatina utilizando condições optimizadas foi de 4,5 mg/gm de substrato seco para *Penicillium funiculosum* utilizando farelo de trigo como substrato sólido neste estudo.

3.XI. Rendimento do Lovastain no processo de aumento de escala

A fermentação em estado sólido foi realizada utilizando *Penicillium funiculosum* e farelo de trigo, implementando todas as condições optimizadas obtidas e a quantidade de substrato seco foi aumentada passo a passo. No presente estudo, o rendimento da lovastatina aumentou com o aumento da quantidade de substrato seco. O rendimento foi o seguinte:

Tabela 18: O rendimento da Lovastatina pelo método de aumento de escala

S.No.	Weight of dry substrate (gms)	Lovastatin yield(mg/gm of dry substrate)
1.	5	14.5±0.2
2.	10	14.9±0.2
3.	20	15.4±0.3
4.	30	16.1±0.1
5.	40	16.8±0.4
6.	50	17.4±0.3
7.	100	18.3±0.3

Os valores apresentados na tabela são médias de triplicados±SD

O aumento da quantidade de substrato mostrou um efeito significativo na produção de lovastatina (P<0,01). À medida que a quantidade de substrato seco foi aumentada, o rendimento da lovastatina também aumentou. Isto mostra um resultado promissor na produção de lovastatina em grande escala. Por conseguinte, a lovastatina pode ser produzida em grande escala por fermentação em estado sólido utilizando farelo de trigo como substrato sólido e *Penicillum funiculosum* como organismo fúngico.

3.XII. Imobilização das células de *Penicillium funiculosum* para aumentar o potencial de produção de Lovastatina

O Penicillium funiculosum foi imobilizado no presente estudo. A fermentação em estado sólido foi efectuada utilizando farelo de trigo e o organismo imobilizado. O rendimento da lovastatina obtido foi de 6mg/gm de substrato seco e não há muita diferença no rendimento em comparação com a sua estirpe original. Por conseguinte, a imobilização dos organismos não tem um efeito significativo no aumento do seu potencial de produção de lovastatina.

Figura 23: Micrografia eletrónica de varrimento de Penicillium funiculosum **imobilizado**

O potencial das células fúngicas imobilizadas para a produção de metabolitos tem vindo a ser valorizado, tendo em vista o desenvolvimento de processos contínuos e em lotes repetidos para economizar o processo de produção (Federici, 1993, Federici e Petruccioli, 1997; Sakurai *et al.,* 1997).

A imobilização de células oferece várias vantagens, tais como maior produtividade, estabilidade operacional, fácil transferência de massa e menor contaminação do produto por células livres. Por conseguinte, a estratégia de imobilização tem sido amplamente investigada para a melhoria dos processos de fermentação (Dervakos e Webb, 1991, Yan *et al.,* 2001, Robie *et al.,* 2003a, b, Thongchul e Yang, 2003, Pardeep Kumar e Satyanarayana, 2007).

A imobilização de produtores microbianos é uma das principais abordagens aplicadas para a organização da produção de lovastatina a longo prazo. Assim, o desenvolvimento de biocatalisadores imobilizados com base em células fúngicas capazes de produzir lovastatina é também muito atual.

Uma vez que os fungos necessitam de um bom arejamento para o crescimento celular e a síntese do produto, os principais requisitos para as matrizes de imobilização a utilizar são que o material que transporta as células seja de elevada porosidade e que tenha resistência mecânica suficiente. A utilização bem sucedida de biossorventes imobilizados exige que a matriz de imobilização proporcione uma elevada área de contacto superficial e seja estável a tratamentos químicos e físicos adversos. O alginato de sódio de qualidade comercial foi utilizado como agente imobilizador para a preparação das esferas.

Os fungos apresentam muitas variações morfológicas na fermentação submersa. É difícil controlar a morfologia para obter a melhor produtividade de lovastatina no caso da fermentação de células livres. Durante a imobilização, as células fúngicas sofrem uma alteração morfológica em relação ao habitual. As células fúngicas livres são difundidas no meio, causando limitação na troca gasosa, enquanto as células imobilizadas são cultivadas superficialmente no suporte e apenas suas secreções extracelulares são vazadas para o meio, proporcionando espaço para a troca gasosa (Bai *et al.*, 2003).

Foi efectuada uma análise comparativa do rendimento da lovastatina para confirmar a vantagem das células fúngicas imobilizadas em relação às células livres. A produção de lovastatina foi de 5,5 mg/gm e 6,0 mg/gm de substrato seco pelas células livres e pelas células imobilizadas de *Penicillium funiculosum*, respetivamente. Isto mostra que houve uma diferença muito pequena no rendimento da lovastatina através da imobilização do fungo *Penicillium funiculosum* quando comparado com o rendimento das células livres.

A imobilização de *Penicillium funiculosum* não teve um efeito significativo na produção de lovastatina.

3.XIII. Melhoramento da estirpe de *Penicillium funiculosum* através da indução de mutações físicas e químicas para aumentar o potencial de produção de Lovastatina

Uma mutação é uma alteração permanente na sequência de ADN de um determinado gene e a mutagénese é a fonte de todas as variações genéticas. *O Penicillium funiculosum* foi sujeito a mutações para o desenvolvimento de estirpes. O presente trabalho trata da exposição do *Penicillium funiculosum* à irradiação UV e aos agentes mutagénicos Colchicina, brometo de etídio e H O_{22} com a expetativa de uma maior produção de lovastatina.

Exame morfológico dos mutantes

A estirpe parental/selvagem de *Penicillim funiculosum* é um organismo de crescimento muito rápido que apresenta um crescimento profuso com esporulação intensa em 3rd dias de incubação com colónias bem definidas. Cada colónia apresentou hifas claras, aéreas, muito longas e pontiagudas com esporos grandes no prazo de 3 dias de incubação.

Alterações morfológicas nos mutantes

O crescimento foi observado até 120 min de exposição UV e concentrações de 1-10 pg de todos os mutagénicos químicos, mas o crescimento foi muito escasso à medida que o intervalo de tempo e as concentrações aumentaram. As hifas muito longas e os conídios grandes de tamanho circular perderam a sua aparência, juntamente com a redução da extensão e ramificação das hifas. Em vez disso, foram observadas hifas muito curtas com conídios de tamanho pequeno, preto-esverdeado escuro, que estavam firmemente ligados ao meio.

Estimativa quantitativa de mutantes

Todos os mutantes UV e químicos, independentemente das suas caraterísticas culturais e morfológicas, foram testados para uma melhor produção de lovastatina, juntamente com a estirpe parental/selvagem como controlo.

Os testes quantitativos dos mutantes revelaram que o mutante UV 90 tinha uma produção elevada de lovastatina de 6,0 mg/gm em comparação com a estirpe selvagem e os mutantes irmãos.

Esta foi uma pequena diferença no rendimento da lovastatina. Os testes quantitativos dos mutantes tratados quimicamente mostraram que os mutantes C2, H3 e E8 tinham um rendimento elevado de lovastatina de 6,5, 6,2 e 7,0 mg/gm de substrato seco, respetivamente, em comparação com a estirpe selvagem e os seus mutantes irmãos, respetivamente.

Figura-24: Análise quantitativa dos mutantes tratados com UV

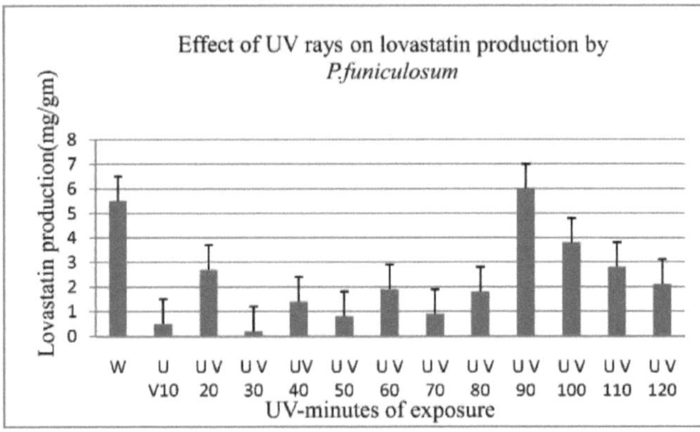

Cada barra representa a média ± S.D. de 3 réplicas

Figura 25: Análise quantitativa dos mutantes tratados com colchicina

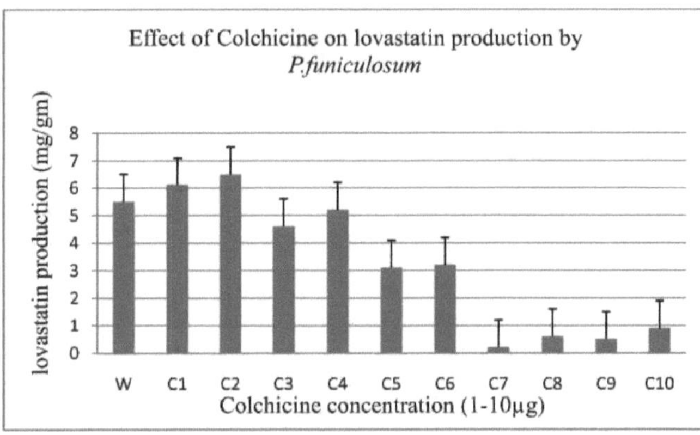

Cada barra representa a média ± S.D. de 3 réplicas

Figura-26: Análise quantitativa de H O_{22} mutantes tratados

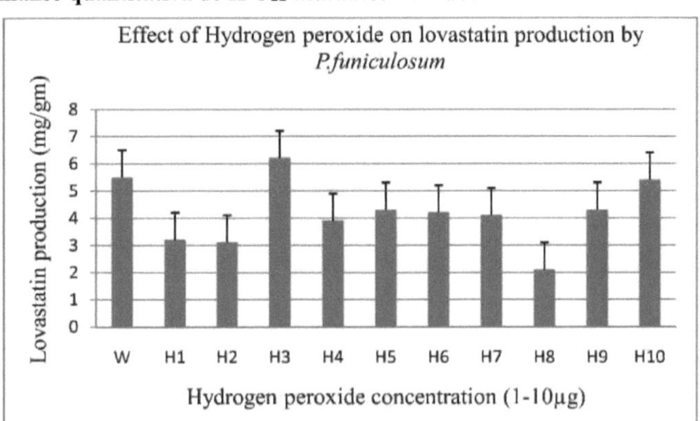

Cada barra representa a média ± S.D. de 3 réplicas

Figura 27: Análise quantitativa dos mutantes tratados com brometo de etídio

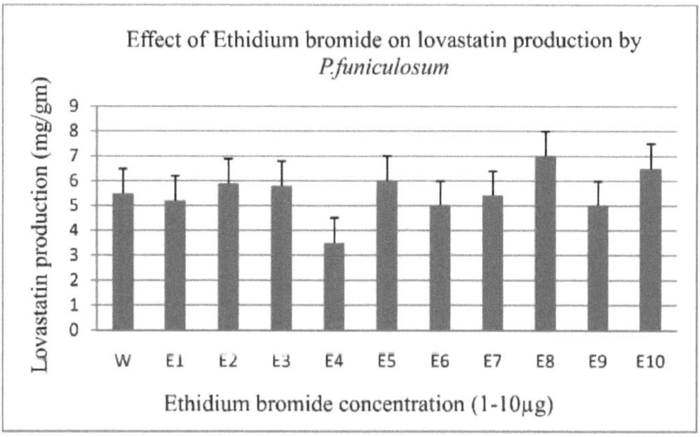

Cada barra representa a média ± S.D. de 3 réplicas

Figura-28: Estudo comparativo dos melhores mutantes de todos os agentes mutagénicos em 3rd geração

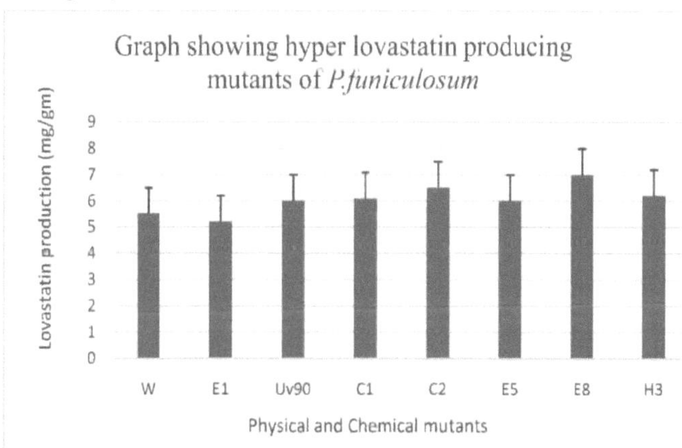

Cada barra representa a média ± S.D. de 3 réplicas

A irradiação UV, a colchicina, o brometo de etídio e o peróxido de hidrogénio mostraram um efeito significativo na produção de lovastatina ($P<0,01$).

O Aspergillus terreus MTCC 10831 sofreu mutações utilizando o método físico (UV) e químico (etilmetilsulfonato) e os estudos foram comparados com as estirpes selvagens. Observou-se um aumento de 32,878% na produção quando se procedeu à mutação com UV, enquanto com a estirpe mutante EMS se registou um aumento de 84,17% em comparação com as estirpes nativas (Sree Devi *et* a*l*., 2011)

3.XIV. Atividade antimicrobiana da Lovastatina.

No presente estudo, a atividade antimicrobiana da lovastatina foi avaliada contra uma série de organismos bacterianos e fúngicos. As zonas de inibição são apresentadas na **Tabela-19.**

Tabela-19: Atividade antimicrobiana da Lovastatina

S.No	Name of the Organism	Zone of inhibition in mm±SD			
		Test sample	Standard Lovastatin	Antimicrobial agents	Control (DMSO)
1	*Bacillus subtilis* NCIM 2439	10±0.3	14±0.1	25±0.4	3±0.2
2	*Micrococcus luteus* MTCC 0439	9±0.2	12±0.3	22±0.4	4±0.2
3	*Staphylococcus aureus* NCIM 5021	12±0.2	16±0.4	24±0.3	4±0.3
4	*Streptococcus* MTCC 890	11±0.5	14±0.2	21±0.2	4±0.3
5	*Streptococcus anginosus*	10±0.3	14±0.3	25±0.3	3±0.4
6	*Enterococcus faecalis* MTCC-0439	10±0.3	14±0.3	23±0.4	3±0.3
7	*Streptococcus faecalis* MTCC- 0459	10±0.3	13±0.4	26±0.3	3±0.4
8	*Escherichia coli* NCIM 2067	--	--	24±0.3	4±0.4
9	*Pseudomonas aeuroginosa* NCIM 2647	10±0.3	16±0.2	26±0.4	4±0.4
10	*Proteus vulgaris* NCIM 2027	10±0.2	14±0.3	23±0.1	4±0.2
11	*Erwinia caratovora*	9±0.2	11±0.3	21±0.3	3±0.3
12	*Klebsiella pneumonia* MTCC 2405	10±0.3	12±0.3	25±0.5	4±0.3
13	*Aspergillus niger* NCIM 1055	10±0.3	13±0.4	27±0.3	4±0.3
14	*Saccharomyces cerevisiae* NCIM 783	10±0.2	13±0.4	26±0.4	3±0.1
15	*Candida albicans* NCIM 854	10±0.4	13±0.4	27±0.2	4±0.2
16	*Rhizopus stolonifer*	10±0.4	15±0.3	25±0.3	3±0.4
17	*Mucor racemosus*	10±0.3	15±0.4	21±0.3	4±0.4
18	*Aspergillus terreus* MTCC-479	12±0.3	13±0.2	24±0.4	9±0.3
19	*Aspergillus niger* NCIM-545	10±0.3	13±0.4	26±0.4	4±0.4

Os valores apresentados na tabela são médias de triplicados ±SD

"-": indica que não há inibição,

S.No.1 a 7 : Estirpes de bactérias Gram-positivas,
S.No.8 a 12 : Estirpes de bactérias Gram-negativas,
S.No.13 a 19 : Estirpes de fungos,
Verificou-se um efeito significativo da atividade antimicrobiana da Lovastatina ($P<0,01$).

Agentes antimicrobianos
Antibiótico bacteriano: Cloranfenicol,
Agente antifúngico: Nistatina

Dos estudos acima referidos sobre as actividades antibacteriana e antifúngica, a lovastatina demonstrou uma atividade promissora contra os agentes patogénicos testados, prometendo um âmbito futuro para a utilização da lovastatina contra uma série de populações microbianas. A lovastatina contribui para a atividade antimicrobiana.

Vários estudos tinham já comprovado a atividade antimicrobiana das estatinas. A sinvastatina em concentrações nanomolares dentro da gama terapêutica impediu o *Staphylococcus aureus* de invadir as células endoteliais da veia umbilical humana e causou a inibição da isoprenilação (Horn et al., 2008). A lovastatina demonstrou atividade fungicida contra todos os sete zigomicetes isolados in vitro (Chamilos *et al.,* 2006). Foram comunicadas interações variáveis entre 4 estatinas diferentes (lovastatina, sinvastatina, rosuvastatina e atorvastatina) e um composto antifúngico segregado por *Penicillium chrysogenum* para inibir a geminação de esporangiósporos de zigomicetas (Galgoczy *et al.,* 2007). Durante o crescimento hifal de *Mucora racemosus,* 3 genes ras (Mras 1,2 e 3) foram altamente expressos e correlacionados com a morfogénese do fungo. Através da inibição indireta da prenilação das proteínas, a lovastatina alterou o processamento da proteína MRas3 e provocou o desaparecimento do complexo proteico MRas l/p20. Subsequentemente, a geminação de esporangiósporos foi interrompida, a taxa de crescimento diminuiu e ocorreu um processo de morte celular semelhante à apoptose (Roze e Linz, 1998). A lovastatina e a sinvastatina eram fungicidas para as *espécies de Aspergillus;* as suas concentrações inibitórias mínimas (CFM) eram muito mais elevadas do que as concentrações clinicamente alcançáveis. A inibição do crescimento foi restaurada por suplementação com ergosterol ou colesterol, o que implica que as estatinas mediam esta atividade antifúngica através da via de síntese de esteróis.

As leveduras também possuem uma via biossintética para produzir mevalonato e proteínas preniladas, mas o produto final é o ergosterol e não o colesterol. As estatinas demonstraram atividade antifúngica contra espécies de Candida numa série de estudos (Macreadie *et al.,* 2006). A lovastatina com fluconazol e a fluvastatina com fluconazol ou itraconazol tiveram efeitos sinérgicos nas espécies de Candida (Song *et al.,* 2003). Apesar de um aumento da prevalência de doentes com diabetes (Kontoyiannis, 2007), o número de casos de zigomicose em doentes com diabetes mellitus diminuiu desde a década de 1990. A utilização generalizada de estatinas com atividade contra zigomicetas nestes doentes foi proposta como uma das razões para esta tendência.

Tendo em conta os vários trabalhos e relatórios anteriores, no presente estudo, o extrato obtido pela SSF de *Penicillium funiculosum* e farelo de trigo foi examinado quanto à atividade antimicrobiana da lovastatina, contra uma série de microrganismos. Verificou-se uma atividade antimicrobiana contra *Bacillus subtilis, Micrococcus luteus, Staphylococcus aureus, Streptococcus anginosus, Enterococcus faecalis, Streptococcus faecalis, Pseudomonas aeuroginosa, Proteus vulgaris, Erwinia caratovora, Klebsiella pneumonia, Saccharomyces cerevisiae, Candida albicans, Rhizopus stolonifer, Mucor racemosus, Aspergillus terreus* e *Aspergillus niger.* Não se registou qualquer atividade antimicrobiana da lovastatina em *Escherichia coli.*

CAPÍTULO 4
RESUMO E CONCLUSÕES

No presente estudo, a produção de lovastatina por 7 fungos diferentes, *nomeados por: Vy-Trichoderma viride* NICIM 1053, *Aspergillus fischeri* NCIM 509, *Aspergillus Flavipes* NCIM 1209, *Penicillium funiculosum* NCIM 1174, *Aspergillus flavus* NCIM 1028, *Aspergillus parasiticus* NCIM 696, *Monascus Purpureus* MTCC 396 por fermentação em estado sólido em 20 substratos diferentes, nomeadamente farelo de cevada, casca de trigo, farelo de arroz, casca de arroz rico, cascas de amendoim, espiga de milho, bagaço de milho, palha de arroz, farelo de milho, resíduos de ananás, casca de grama verde, casca de grama vermelha, casca de grama preta, batata doce, bagaço de uva, cascas de citrinos (laranja), bagaço de cana-de-açúcar, farelo de trigo, grama de cavalo e polpa de laranja.

Entre eles, *o Penicillium funiculosum* e o farelo de trigo foram os pares com maior potencial para a produção de lovastatina e foram estudados. Inicialmente, o extrato foi verificado pelo método de bioensaio quanto à presença de lovastatina e purificado por cromatografia em coluna, sendo depois analisado por TLC, HPLC, espetroscopia de infravermelhos e métodos de RMN. Todas estas técnicas provaram a presença de lovastatina no extrato. Na sua maioria, os trabalhos anteriores foram efectuados por fermentação submersa. Uma vez que a fermentação em estado sólido é melhor do que a fermentação submersa no que respeita ao rendimento da produção, o presente estudo centrou-se no método SSF. As combinações de organismos e substratos neste estudo foram submetidas a SSF em contraste com a fermentação submersa que foi efectuada em trabalhos anteriores de acordo com a literatura.

A determinação quantitativa da lovastatina foi efectuada por espetroscopia UV, para todos os extractos obtidos. *Pencillium funiculosum* e farelo de trigo foi a combinação com maior potencial de produção de 5,5 mg/gm quando comparada com as outras combinações (substratos e organismos) na produção de lovastatina.

Foram efectuados bioensaios, cromatografia em coluna, TLC, determinação de λ_{max} , HPLC, espetroscopia de infravermelhos e espetroscopia de RMN para analisar a lovastatina.

A fim de melhorar a produtividade da lovastatina, foram optimizadas várias condições de cultura, como o tempo de fermentação, a temperatura, o tamanho das partículas do substrato, o teor de humidade, a idade do inóculo, a concentração do inóculo, o pH do meio de cultura e os requisitos nutricionais de carbono e azoto para a produção de lovastatina pela SSF de *Penicillium funiculosum* e farelo de trigo. De acordo com a otimização dos vários parâmetros, o rendimento da lovastatina foi o seguinte

1. A produção de lovastatina foi optimizada após 5th dias de fermentação, com um rendimento de lovastatina de 5,90 mg/gm de substrato seco, estabelecendo uma plataforma conveniente para a otimização passo a passo.
2. O rendimento máximo de lovastatina de 6,3 mg/gm de substrato seco foi obtido no frasco de cultura colocado a uma temperatura de 30° C.
3. O meio com um teor de humidade de 90% v/w deu um rendimento máximo de lovastatina de 7,7 mg/gm de substrato seco.
4. O meio com 6 dias de idade do inóculo deu um rendimento máximo de lovastatina de 8,5 mg/gm de substrato seco.
5. O rendimento máximo de lovastatina de 10,9 mg/gm de substrato seco foi obtido no frasco de cultura com uma concentração de inóculo de 50% v/w.
6. O rendimento máximo de lovastatina de 11,9 mg/gm de substrato seco foi observado em

meios ajustados a pH 6,0.

7. O farelo de trigo de 44 mesh (tamanho de partícula), deu um rendimento máximo de lovastatina de 13,1 mg/gm de substrato seco.
8. Para aumentar ainda mais a produção de lovastatina, procedeu-se à suplementação de nutrientes utilizando diferentes fontes de carbono, como amido solúvel, xilose, maltose, sacarose, glucose e lactose, e fontes de azoto, como ureia, extrato de levedura, peptona, nitrato de amónio, sulfato de amónio, nitrato de sódio e extrato de malte.
9. A lactose (2%) p/v provou ser a melhor fonte de carbono, produzindo um rendimento de 13mg/gm de substrato seco.
10. O sulfato de amónio (1%) p/v provou ser a melhor fonte de azoto, produzindo um rendimento de lovastatina de 13,6 mg/gm de substrato seco.

O meio com as condições optimizadas acima e com a suplementação de nutrientes deu um rendimento máximo de lovastatina de 14,5 mg/gm de substrato seco, o que representa um aumento de quase três vezes no rendimento do que com o meio de condições basais. Isto indica a necessidade e o valor da otimização dos parâmetros para aumentar o rendimento da lovastatina.

Neste estudo, o processo de aumento de escala foi efectuado aumentando a quantidade de substrato seco, passo a passo, de 5gms para 100gms. A produção de lovastatina foi aumentada de 14,5 para 18,3 mg/gm de substrato seco, passo a passo, após o aumento da quantidade de substrato seco nas condições optimizadas. Isto mostra um resultado promissor a ser esperado, na produção industrial de lovastatina em grande escala.

Com a crescente ênfase na redução de custos do processo industrial e na adição de valor aos resíduos agro-industriais, a SSF oferece uma oportunidade para explorar estes resíduos agro-industriais como substratos para a produção de produtos de valor acrescentado como a **LOVASTATINA.**

A imobilização das células de *Penicillium funiculosum* foi efectuada neste trabalho para aumentar o potencial de produção de lovastatina do organismo. O organismo imobilizado após SSF com farelo de trigo deu um rendimento de lovastatina de 6,0 mg/gm de substrato sólido, o que foi 1,09 vezes mais do que a estirpe selvagem.

O melhoramento da estirpe de *Penicillium funiculosum* foi efectuado através da indução de mutações por métodos físicos e químicos para aumentar o seu potencial de produção de lovastatina. O organismo demonstrou aumentar a produção de lovastatina em SSF com farelo de trigo. Os testes quantitativos dos mutantes UV mostraram que o mutante UV 90 tinha um rendimento elevado de lovastatina de 6,0 mg/gm em comparação com a estirpe selvagem e os mutantes irmãos. Os testes quantitativos dos mutantes tratados quimicamente mostraram que os mutantes C2, H3 e E8 tinham um rendimento elevado de lovastatina de 6,5, 6,2 e 7,0 mg/gm de substrato seco, respetivamente, em comparação com a estirpe selvagem e os seus mutantes irmãos, respetivamente.

O extrato foi também testado contra uma série de microrganismos para verificar a atividade antimicrobiana da lovastatina. Os resultados positivos obtidos pela lovastatina contra a atividade dos microrganismos aumentaram o âmbito de utilização da lovastatina contra infecções microbianas.

Em conclusão, a produção de lovastatina por SSF e a utilização dos resíduos agro-industriais é um método mais barato do que o processo SmF. Na FUM, foram utilizados vários produtos químicos para preparar o meio de fermentação, o que é um processo dispendioso. O rendimento em SmF é comparativamente mais baixo do que o rendimento obtido através de SSF. Além disso, há menos hipóteses de contaminação na FSS do que na FUM. O custo da produção através da SmF é 5 vezes superior ao da SSF utilizando os resíduos agro-industriais. A produção de lovastatina em grande escala pode ser efectuada através do aumento de escala da fermentação. As condições experimentais de fermentação, determinadas em frascos no laboratório, são empregues em maior escala para o funcionamento dos fermentadores de grande produção. A determinação das condições de incubação adequadas a utilizar em tanques de produção em grande escala, com base na informação obtida em tanques mais pequenos de várias dimensões, é conhecida como processo de aumento de escala.

A microbiologia industrial trata de todas as formas de microbiologia que têm um aspeto económico. A capacidade dos microrganismos para converter matérias-primas ou substratos pouco dispendiosos em compostos orgânicos com valor económico é uma preocupação considerável para o microbiologista industrial. O valor económico das células microbianas é de grande importância na produção à escala industrial. Assim, o produto de valor acrescentado pode ser produzido industrialmente em grande escala, através de um processo de aumento de escala. Todos os factores de otimização obtidos em laboratório devem ser aplicados em grande escala para aumentar a produção do composto numa base industrial. A produção de lovastatina através da utilização de microrganismos e de resíduos agro-industriais em grande escala industrial reduz o custo de produção quando comparado com os meios sintéticos. A lovastatina, que tem muitas aplicações biomédicas, pode ser disponibilizada à sociedade a um custo razoável e ajudar a manter e preservar a saúde de um homem comum. Existem várias aplicações biomédicas da lovastatina, tais como a sua aplicação em doenças coronárias, acções de redução do colesterol, doença de Alzheimer, tratamentos de doenças renais, tratamentos de cancro e tratamentos de fracturas ósseas. Tem também propriedades anti-inflamatórias e imunomoduladoras. Além disso, esta lovastatina apresenta propriedades antimicrobianas e pode ser utilizada contra determinadas infecções microbianas, especialmente durante as cirurgias de transplante.

CAPÍTULO 5
REFERÊNCIAS

Abarna devi, J., Anu, M., Bharani, M., Lakshmi Prabha, P. **(2013).** Tratamento de efluentes da indústria de corantes por fungos livres e imobilizados. *Jornal Internacional de Farmácia e Ciências da Vida.* 4:2340-2346.

Abraham, T. E., Jamuna, R., Bansilal, C. V., Ramakrishna, S. V. **(1991).** Síntese contínua de glucoamilase por micélio fúngico imobilizado de *Aspergillus niger. Starch-Starke.* 43:113-116.

Adamson, P., Marshall, C. J., Hall, A., Tilbrook, P. A. **(1992).** Modificações pós-tradução das proteínas p21[lho] . *J. Biol. Chern.* 267:2003320038.

Aeschlimann, A., Von Stockar, U. **(1991).** Produção contínua de ácido lático a partir de permeado de soro de leite por *L.helveticus* num reator de reciclagem de células. *Enzyme Microbiol. Biotechnol.* 13:811-816.

Ahmad, A.,Panda, B. P., Khan, **S.**, Ali, M., Javed, **S.(2009).** Artigo original: Downstreaming e purificação de lovastatina a partir de cultura de Monascus purpureus. *Thai J. Pharm.Sci.* 33:39-46.

Ahmed, I. E., Batal, I., Roquia, A., Habib, I. **(2012).** Elevado rendimento de lovastatina por *Monascus purpureus* a partir de extrato de resíduos de tâmaras e encapsulamento em nanopartículas. *Jornal Internacional de Ciências Farmacêuticas e Cuidados de Saúde.* 6:63-83.

Aktas, O., Waiczies, S., Smorodchenko, A., Dorr, J., Seeger, B., Prozorovski, T. **(2003).** Tratamento da paralisia recidivante na encefalomielite experimental, visando as células Thl através da atorvastatina. *J. Exp. Med.* 197:725-733.

Alarcon, J., Aguila, S., Avila, P.A., Fuentes, O., Ponce, E. Z., Hernandez, M. **(2003).** Produção e purificação de estatinas a partir de estirpes de Pleurotus ostreatus (basidiomicetes). *Z. Naturforsch.* 58:62-64. Alberts, A.W., Chen, J., Kuron, G., Hunt, V., Huff, J., Hoffman, G. **(1980).** Mevinolin: Um inibidor competitivo altamente potente da hidroximetil glutaril coenzima A redutase e agente redutor do colesterol. *Proc. Natl. Acad. Sci.* USA. 77:3957-3961.

Aldo, J. P. D., Cinthia, Z., Marli, C., Joao, Antonio, P. H. **(2006).** Utilização de 2-deoxi-glicose em meio líquido para a seleção de estirpes mutantes de Penicillium echinulatum que produzem actividades acrescidas de celulase e P-glucosidase. Appl. Microbiol. *Biotechnol.* 70:740-746.

Almog, Y., Shefer, A., Novack, V., Mainmon, N., Barski, L., Eizinger, M., Friger, M., Zeller, L., Danon. A. **(2004).** A terapia prévia com estatinas está associada a uma taxa reduzida de sepse grave. *Circulation.* 110:880885.

Alonso, D. F., Farina, H. G., Skilton, G., Gabri, M. R., De Lorenzo, M. S., Gomez, D. E. **(1998).** Redução da formação de tumores mamários e metástases pela lovastatina, um inibidor da via do mevalonato da síntese do colesterol. *Breast Cancer ResTreat.* 50:83-93.

Altschul, R., Hoffer, A., Stephen, J. D. **(1955).**Influência do ácido nicotínico no colesterol semm no homem. *Arch. Biochem.Biophys.54:* 558-559.

Anderson, J. G. **(1975).** Sistema de reactores de células e filmes imobilizados para fungos filamentosos. Em: Smith, J. E., Berry, D. R., Kristiansen, B., editores. Fungal technology: The Filamentous Fungi, Londres, Edward Arnold. 4:146-170.

Andrio, J. L., Demain, A. L. **(2006).** Melhoramento genético de processos de produção de produtos microbianos. FEMS. Microbiol. Rev. 30:187-214.Arica,

M. Y., Sharif, F. A., Aladdinoglu, N. G., Hasirci, N., Hasirci, V. **(1993).** Imobilização covalente de *Aspergillus niger* em membrana de phema para aplicação em reactores de fluxo contínuo. *J. Chem. Technol. Biotechnol.* 58:81-85.

Arnaud, C., Veillard, N. R., Mach, F **(2005).** Efeitos independentes do colesterol das estatinas na inflamação, imunomodulação e aterosclerose. *Curr. Drug Targets Cardiovasc. Hematol. Disord.* 5:127-134.

Asada, K., Sasaki, S., Suda, T., Chida, K., Nakamura, H. **(2004).** Papéis anti-inflamatórios do recetor y ativado por proliferador de peroxissoma em macrófagos alveolares humanos. *Am. J. Respir. Crit. Care Med.* 169:195-200.

Asztalos, B. F., Horvath, K. V., Namara, J. R., Roheim, P. S., Rubinstein, J. J., Schaefer, E. J. **(2002).** Comparing theffects of five different statins on the HDL subpopulation profiles of coronary heart disease patients. *Atherosclerosis.* 164:361-369.

Auclair, K., Kennedy, J., Hutchinson, C. R., Vederas, J. C. **(2001).** Conversão de nonaketides cíclicas em lovastatina e compactina por um mutante deficiente em lovC de *Aspergillus terreus. Bioorg. Med. Chem. Lett.* 11:1527-1531.

Bai, D. M., Jia, M. Z., Zhao, X. M., Ban, R., Shen, F., Li, X. G., Xu, S. M. (2003).l(+)-Produção de ácido lático por *Rhizopus oryzae* R1021 em forma de pellets num fermentador de tanque agitado. *Chem. Eng. Sei.* 58:785-791.

Bai, D. M., Zhao, X. M., Li, X. G" Xu, S. M. **(2004).** Melhoria da estirpe e análise do fluxo metabólico no tipo selvagem e numa estirpe mutante *de lactobacillus lactis* para a produção de ácido L(+)-Láctico. *Biotechnol Bioeng.* 88:681-689.

Bai, D. M., Zhao, X. M., Xin, G. L., Shi, M. X. **(2004).** Melhoramento da estirpe de *Rhizopus oryzae* para a produção excessiva de ácido L(+)-Láctico e análise do fluxo metabólico de mutantes. *Biochem. Engg. J.* 18:41-48.

Barrios gonazalez, J., Banos, J. G., Covarrubias, A. A., Garay Arroyo, A. **(2008)**.Os genes biossintéticos da lovastatina de *Aspergillus terreus* são expressos diferencialmente em estado sólido e em fermentação submersa líquida. *Appl. Microbial. Biotechnol.* 79:179-186.

Baumann, I., Kolowos, W., Voll, R. E., Manger, B., Gaipl, U., Neuhuber, W. L., Kirchner, T., Kalden, J. R., Herrmann, M. **(2002).** Impaired uptake of apoptotic cells into tingible body macrophages in germinal centers of patients with systemic lupus erythematosus. *Arthritis Rheum.* 46:191-201.

Bellosta, S., Via, D., Canavesi, M., Pfister, P., Fumagalli, R., Paoletti, R., Bernini, **F.(1998).** Os inibidores da HMG-CoA redutase reduzem a secreção de MMP-9 por macrófagos. *Arterioscler. Thromb. Ease. Biol.* 18:1671-1678.

Besoain, X. A., Perez, L. M., Araya, A., Lefever, L., Sanguinetti, M., Montealegre, J. R. **(2007).** Novas estirpes obtidas após tratamento UV e fusão de protoplastos de *Trichoderma harzianum* nativo: a sua atividade de biocontrolo *sobre Pyrenochaeta lycopersici. Elec. J. Biotechnol.* 10:16-28.

Bhargavi, M., Singara Charya, M. A. **(2010).** Influência de mutagénicos físicos e químicos na descoloração do corante *Mucor mucedo. Afri. J. Microbiol.* Res. 4:1808-1813.

Bhunia, A. K., Han, H., Snowden, A., Chatterjee, S. **(1997).** Sinalização regulada por redox por lactosilceramida na proliferação de células musculares lisas da aorta humana. *J. Biol.Chern.* 272:15642-15649.

Bibhu Prasad Panda, Saleem Javed e Mohamed Ali. **(2009).** Engenharia de meio à base de arroz para a produção de lovastatina com *espécies de Monascus. Checa. J. Food Sci.* 27:352-360.

Bilheimer, D. W., Grundy, S. M., Brown, M. S., Goldstein, J. L. **(1983).** A mevinolina estimula a eliminação mediada pelo recetor de lipoproteínas de baixa densidade do plasma em heterozigotos com hipercolesterolemia familiar.*Trans. Assoc. Am. Phys.* 96:1-9.

Botto, M., Dell'Agnola, C., Bygrave, A. E., Thompson, E. M., Cook, H. T., Petry, F., Loos, M., Pandolfi, P. P., Waiport. M. J. **(1998)** A deficiência homozigótica de Clq causa glomeruionefrite associada a múltiplos corpos apoptóticos. *Nat. Genet.* 19:56-59.

Bradamante, S., Barenghi, L., Beretta, G., Bonfa, M., Rollini, M., Manzoni, M. **(2002).** Produção de lovastatina examinada por uma abordagem integrada baseada em quimiometria e *DOSY-NMR.Biotechnoi.Bioeng.* 80:589-593.

Bratton, D. L, Henson, P. M. **(2005)** Autoimmunity and apoptosis: refusing to go quietly. *Nat. Med.* 11:26-27.

Bretillon, L., Siden, A., Wahlund, L. O., Lutjohann, D., Minthon, L., Crisby, M. **(2000).** Níveis plasmáticos de 24Shydroxycholesterol em pacientes com *doenças* neurológicas.*Neurosci.Lett.* 293:87-90.

Brodelius, P., Vandamme, E. J. **(1987).** Sistemas celulares imobilizados. Em: Rehm, H. J., Reed, G (eds), Biotechnology, VCH Verlagsgesells chaft, Alemanha. 7:403-463.

Brown, G., Albers, J. J., Fisher, L. D., Schaffer, S. M., Lin, J. T., Kaplan, C.,Zhao, X. Q., Bisson, B. D., Fitzpatrick, V. F., Dodge, H, T. (1990).Regressão da doença arterial coronária como resultado de uma terapia intensiva de redução de lípidos em homens com níveis elevados de apolipoproteína. *J.Med.* 323:1289-1298.

Brown, M. S., Dana, S. E., Goldstein, J. L. **(1973).** Regulação da atividade da 3-hidroxi-3-metilglutaril coenzima A redutase em fibroblastos humanos por lipoproteínas. *Proc. Natl. Acad. Sci.* USA. 70:2162-2166.

Brown, M. S., Goldstein, J. L. **(1974).** Hipercolesterolemia familiar: ligação defeituosa de lipoproteínas a fibroblastos em cultura associada a uma regulação deficiente da atividade da 3-hidroxi-3-metilglutaril coenzima A redutase. *Proc. Natl. Acad. Sci.* USA.71:788-792.

Brown, M. S., Goldstein, J. L. **(1976).** Controlo do metabolismo do colesterol mediado por receptores. *Science.* 191:150-154.

Brown, M. S., Goldstein, J. L. **(1980).** Regulação de feedback multivalente da HMG CoA redutase, um mecanismo de controlo que coordena a síntese de isoprenóides e o crescimento celular. *J. LipidRes.* 21:505-517.

Buckland, B., Gbewonyo, K., Hallada, T., Kaplan, L., Masurekar, P. (1989).Produção de lovastatina, um inibidor da acumulação de colesterol em humanos. In: Domínio Somkuti, A. L., Hunter, G. A., Cevera, J. C., Rossmoore, H. W., editores. Novel Microbial Products for Medicine and Agriculture. Amsterdam: *Publicação SIM;* 161-169.

Buemi, M., Senatore, M., Corica, F., Aloisi, C., Romeo, A., Cavallaro, E. **(2002).** Estatinas e doença renal progressiva. *Med. Res. Rev.* 22:7684.

Caron, E., Hall, A. **(1998).** Identificação de dois mecanismos distintos de fagocitose controlados por diferentes Rho GTPases. *Science.* 282:17171721.

Caunt, P., Impoolsup, A., Greenfield, P. F. **(1988).** Estabilidade de recombinantes de plasmídeos em leveduras. *J. Biotechnol.* 8:173-192.

Chamilos, G., Lewis, R. E., Kontoyiannis, D. P. **(2006).** A lovastatina tem uma atividade significativa contra *Zygomycetes* e interage sinergicamente com o voriconazol. *Antimicrob. Agents Chemother.* 50:96-103.

Chan, K. A., Andrade, S. E., Boles, M., Buist, D. S., Chase, G. A., Donahue, J. G. (2000). Inibidores da hidroximetilglutaril-coenzima A redutase e risco de fratura em mulheres idosas. *Lancet.355:2135-*2188.

Chand, P., Aruna, A., Maqsood, A. M., Rao, L. V. **(2005).** Novo método de mutação para aumentar a produção de celulase. *J. Appl. Microbiol.* 98:318-323.

Chang, Y. C., Lee, C. L., Pan, T. M. **(2006).** Otimização estatística dos componentes do meio para a produção de *Antrodia cinnamomea* AC0623 em culturas submersas. *Appl. Microbiol. Biotechnol.* 72:654661.

Chang, Y. N., Huang, J. C., Lee, C. C., Shih, I. L., Tzeng, Y. M. **(2002).** Utilização da metodologia

de superfície de resposta para otimizar o meio de cultura para a produção de lovastatina por *Monascus ruber*. *Enzyme Microb. Technol.* 30: 889-894.
Charles, P. J. **(2003).** Eliminação defeituosa de resíduos: induz autoanticorpos no LES? *Ann. Rheum. Dis.* 62:1-3.
Cheung, I. H. S., Gishen, M., Ghosh, P., Pamment, N. B. **(1986).** Produção contínua de etanol num fermentador de células inteiras imobilizado utilizando bagaço de cana-de-açúcar não tratado como suporte. *Appl. Microbiol. Biotechnol.* 23:413-416.
Chibata L, Tosa, T., Sao, T. **(1974).** Patente japonesa n.º 74.25.189.
Chibata, I. **(1978).** Immobilized enzymes. Research and development, Wiley (3rd ed), Nova Iorque.
Citron, M. **(2004).** Inibição da beta-secretase para o tratamento da doença de Alzheimer - promessa e desafio. *Tendências Farmacológicas. Sci.* 25:92-97.
Cohen, P. L., Caricchio, R., Abraham, V., Camenisch, T. D., Jennette, J. C., Roubey, R. A., Earp, H. S., Matsushima, G., Reap, E. A. **(2002).** Atraso na eliminação de células apoptóticas e autoimunidade semelhante ao lúpus em ratos sem a tirosina quinase de membrana c-mer. *J. Exp. Med.* 196:135-140.
Cole, S. L., Grudzien, A., Manhart, Kelly, B. L., Oakley, H., Vassar, R. **(2005).** As estatinas causam a acumulação intracelular de proteína precursora de amiloide, fragmentos clivados por beta-secretase e betapeptídeo amiloide através de um mecanismo dependente de isoprenóides. *J. Biol. Chem.* 280:18755-18770.
Cordle, A., Landreth, G. **(2005).** Os inibidores da 3-hidroxi-3-metilglutaril-coenzima A redutase atenuam as respostas inflamatórias microgliais induzidas por beta-amiloide. *J. Neurosci.* 25:299-307.
Cox, D., Lee, D. J., Dale, B. M., Calafat, J., Greenberg, S. **(2000).** Um compartimento de reciclagem rápida contendo Rab 11 em macrófagos que promove a fagocitose. *Proc. Nad. Acad. Sci.* USA. 97:680-685.
Crane, I. J., Forrester, J. V. **(2005).** Linfócitos Thl e Th2 na doença autoimune. *Crit. Rev. Immunol.25\75-102.*
Crick, D. C, Andres, D. A., Danesi, R., Macchia, M., Waechter, C. J. **(1998).** Geranylgeraniol supera o bloqueio da proliferação celular pela lovastatina em células de glioma C6. *J. Neurochem.* 70:2397-2405.
Crick, D. C., Andres, D. A., Waechter, C. J. **(1997).** Nova via de recuperação que utiliza farnesol e geranilgeraniol para isoprenilação de proteínas. *Biochem. Biophys. Res. Commun.* 237:483-487.
Das, D., Gaidhani, N. R., Murari, K., Gupta, P. S. **(1993).** Produção de etanol por célula inteira utilizando materiais lignocelulósicos como matriz sólida. *J. Ferment. Bioeng. Symp.* 75:132-137.
Davis, R. H., de serres, F. J. **(1970).** Técnicas de investigação genética e microbiológica para *Neurospora crassa. Métodos em Enzimologia.* 17:79-143.
deBakker, C.D., Haney, L. B., Kinchen, J. M., Grimsley, C., Lu, M., Kingele, D., Hsu, P. K., Chou, B. K., Cheng, L.C., Blangy, A. **(2004).** A fagocitose de células apoptóticas é regulada por um módulo de sinalização UNC-73/TRIO-MIG-2/RhoG e repetições de tatu de CED-12 / ELMO. *Curr. Biol.* 14:2208-2216.
Dervakos, A. **G.,** Webb, **C. (1991). Sobre** os méritos da imobilização de células viáveis. *Biotechnol. Adv.* 9:559-612.
Dietschy, J. M., Siperstein, M. D., **(1967).** Effect of cholesterol feeding and fasting on sterol synthesis in seventeen tissues of the rat. *J. Lipid Res.* 8:97-104.
Dietschy, J. M., Wilson, J. D. **(1970).** Regulação do metabolismo do colesterol. *Engl. J. Med.* 282:1128-1138.
Dietschy, J. M., Wilson, J. D. **(1968).** Cholesterol synthesis in the squirrel monkey: relative rates of synthesis in various tissues and mechanisms of control. *J. Clin. Invest.* 47:166-174.

Dincbas, V., Hortacsu, A., Camurdan, A. **(1993).** Estabilidade do plasmídeo em culturas mistas imobilizadas de *Escherichia coli* recombinante. *Biotechnol. Prog.* 9:218-220.

Dirk W. Lachenmeier, Yulia B. Monakhova, Thomas Kuballa, Sigrid Lobell Behrends, Sibylle Maixner, Matthias Kohl Himmelseher, Asja Waldner e Christian Steffen. **(2012).** Avaliação por RMN do conteúdo total de estatinas e inibição da HMG-CoA redutase em suplementos alimentares de arroz com fermento vermelho *(Monascus spp.). Chin. Med.* 7:8-18.

Downs, J. R., Clearfield, M., Weis, S., Whitney, E., Shapiro, D. R., Beere, P. A. **(1998).** Prevenção primária de eventos coronários agudos com lovastatina em homens e mulheres com níveis médios de colesterol: resultados deAFCAPS/TexCAPS. Força Aérea/Texas. Estudo de Prevenção da Aterosclerose Coronária. *JAMA.* 279:1615-1622.

Durrington, P. **(2003).** Dyslipidaemia. Lancet. 362:717-731.East, C. A., Grundy, S. M., Bilheimer, D. W. **(1986).** Preliminary report. Tratamento da hiperlipoproteinemia de tipo 3 com mevinolina. *Metabolismo.* 35:97-98.

East, C., Bilheimer, D. W., Grundy, S.M. **(1988).** Terapia combinada para hiperlipidemia familiar combinada. *Ann.Intern. Med.* 109:25-32.

Eckert, G. P., Wood, W. G., Muller, W. E. **(2005).** Medicamentos à base de estatinas para a doença de Alzheimer? *J. Neural. Transm.* 112:1057-1071.

Eisa-Beygi, S., Hatch, G., Noble, S., Ekker, M., Moon, T. M. **(2013).** A via da 3-hidroxi-3-metilglutaril-CoA redutase (HMGCR) regula a estabilidade vascular cerebral do desenvolvimento através da via de sinalização dependente da prenilação. *Dev. Biol.373:253-266.*

Elrod, J. W., Lefer, D. J. **(2005).** Os efeitos das estatinas no endotélio, inflamação e cardioprotecção. *Drug News Perspect.* 18:229-236.

Endo, A. **(1979).** Monacolina K, um novo agente hipocolesterolémico que inibe especificamente a 3-hidroxi-3-metilglutaril coenzima A redutase. *J. Anlibiot.* (Japan). 33:334-336.

Endo, A. **(1979).** Monacolina K, um novo agente hipocolesterolémico produzido por uma espécie de Monascus. *J. Antibiot.* 32:852-854.

Endo, A. (1980).Monacolina K, um novo agente hipocolesterolémico que inibe a 3-hidroxi-3-metilglutaril coenzima A redutase. *Journal of antibiotics.* 32:334- 336.

Endo, A. **(1992).**A descoberta e o desenvolvimento de *inibidores* da HMG-CoA redutase. *Journal of lipids.* 33:1569-1582.

Endo, A., Hasumi, K. **(1985).** Dihydromonacolin L e Monacolin X, novos metabolitos que inibem a biossíntese do colesterol. *J. Antibiot.* (Tokyo). 38:321-327.

Endo, A., Hasumi, K., Yamada, A., Shimoda, R., Takeshima, H. **(1986).** A síntese de compactina (ML-236B) e monacolina K em fungos. *J. Antibiot.* (Tokyo). 39:1609-1610.

Endo, A., Komagata, D., Shimada, H. **(1986).** Monacolin M: Um novo inibidor da biossíntese do colesterol. J. Antibiot. (Tokyo). 39:1670-1673.

Endo, A., Kuroda, M., Tanazawa,K. **(1976).**Inibição competitiva da 3-hidroxi-3-metil glutaril coenzima A redutase pelos metabolitos fúngicos ML-236A e ML236 B com atividade hipocolesterolémica. *FEBS Lett.* 72:323-326.

Endo, A., Kuroda, M., Terahara, A., Tsujita, Y., Tamura, C. **(1977).** Substâncias fisiologicamente activas e processo fermentativo para a sua produção. Patente dos E.U.A., p. 4,049,495.

Endo, A., Kuroda, M., Tsujita, Y. **(1976).** ML-236A, ML-236B, e ML-236C, novos inibidores da colesterogénese produzidos por *Penicillium citrinium. J. Antibiot.* (Tokyo). 29:1346-1348.

Endo, A., Kuroda, M. **(1976).** Citrinina, um inibidor da síntese de colesterol. *Antibiot.* (Japão). 29:841-843.

Endo, A., Negishi, Y., Iwashita, T., Mizukawa, K., Hirama, M. **(1985b).** Biossíntese de ML-236B (compactina) e monacolina K. *J. Antibiot.* (Tokyo). 3 8:444-448.

Endo, A., Terahara, A., Kitano, N., Ogiso, A., Mitsui, S. **(1979).** Derivados do ácido carboxílico ML-236B e sua utilização como agentes anti-hiperlipémicos. Patente US.

Endo, A., Tsujita, Y., Kuroda, M., Tanzawa, K. (1977). Inibição da síntese de colesterol in vitro e in vivobyML-236A e ML-236B, inibidores competitivos da 3-hidroxi-3-metil-glutaril-coenzima A redutase. *Eur. J. Biochem.* 77:31-36.

Ershler, W. B., Sun, W. H., Binkley, N. **(1994).** O papel da interleucina-6 em certas doenças relacionadas com a idade. *DrugsAging.* 5:358-365.

Fadok, V. A., Bratton, D. L., Konowal, A., Freed, P. W., Westcott, I. Y., Henson, P. M. **(1998).** Macrófagos que ingeriram células apoptóticas in vitro inibem a produção de citocinas pró-inflamatórias através de mecanismos autócrinos/parácrinos envolvendo TGF-p, PGE2 e PAF. *J. Clin. Invest.* 101:890-898.

Falagas, M. **E.(2008).** Statins for infection and sepsis: a systematic review of the clinical evidence. *J. Antimicrob.Cbemother.* 61:774-785.

Farmer, J. A. (1998). Terapia lipídica agressiva na era das estatinas. *Prog. Cardiovasc. Dis.* 41:71-94.

Federici, F., Petruccioli, M. **(1997).** Imobilização de fungos filamentosos: uma nova fronteira na produção de ácidos orgânicos. Itai. *J. Food Sci.* 9:171182.

Feron, O., Dessy, C., Desager, J. P., Balligand, J. L. **(2001).** A inibição da hidroxi-metilglutaril-coenzima A redutase promove a ativação da óxido nítrico sintase endotelial através de uma diminuição da abundância de caveolina. *Circulation.* 103:113-118.

Fessler, M. B., Young, S. K., Jeyaseelan, S., Lieber, J. G., Arndt, P. G., Nick, J. A., Worthen, G. S. **(2005).** A role for hydroxy-methylglutaryl coenzyme A reductase in pulmonary inflammation and host defense. *Am. J. Respir. Crit. Care Med.* 171: 606-615.

Fiedurek, J., Ilczuk, Z. **(1991).** Biossíntese de glucose oxidase utilizando micélio imobilizado de *Aspergillus niger. World J. Microbiol. Biotechnol.* 7:379-384.

Firestein, G. S., Yeo, M., Zvaifler, N.J. **(1995).** Apoptose na sinóvia da artrite reumatoide. *J. Clin. Invest.* 96:1631-1638.

Fujii, N., Oki, T., Sakurai, A., Suya, S., Sakakibara, M. **(2001).** Produção de etanol a partir de amido por *Aspergillus awamori* imobilizado e *Saccharomyces pastorianus* usando transportadores de celulose. *J. Microb. Biotechnol.* 27:52-57.

Fulton, D., Gratton, J. P., McCabe, T. J., Fontana, J., Fujio, Y., Walsh, K. **(1999).** Regulação da produção de óxido nítrico derivado do endotélio pela proteína quinase. *Akt. Nature.399:597-601.*

Galgoczy, L., Papp, T., Lukacs, G., Leiter, E., Pocsi, L, Vagvolgyi, **C.(2007).** Interações entre estatinas e a proteína antifúngica *Penicillium chrysogenum* (PAF) para inibir a germinação de esporangiósporos de diferentes *Zigomicetos* sensíveis. *FEMS Microbiol. Lett.* 270:109-115.

Gao. **(2008).** Statins and sepsis. *Br. J. Anaesth.* 100:288-298.

Garg, A., Grundy, S. M. **(1988).** Lovastatin for lowering cholesterol levels in non insulin-dependent diabetes mellitus. A. *Engl. J. Med.* 313: 81-86.

Garg, K., Sharma, C. **B.(1992).** Produção contínua de ácido cítrico por células inteiras imobilizadas de *Aspergillus niger. J. Gen. Appl. Microbiol.* 38:605-615.

Garrett, I. R., Gutierrez, G. E., Rossini, G., Nyman, J., McCluskey, B., Flores, A. **(2007).** As nanopartículas de lovastatina entregues localmente melhoram a cicatrização de fracturas em ratos. *J. Orthop. Res.* 25:1351-1357.

Geeta Aparna, D., Sri Rami Reddy, D. **(2011).** Produção de lovastatina por *Aspergillus parasiticus* NCIM 696 utilizando farelo de arroz sob fermentação em estado sólido. *J. Chem. Bio. Phy. Sci.* 2:284-

291.
Gerbsch, N., Buchholz, R. **(1995).** Novos processos e tendências actuais em biotecnologia. *FEMS Microbiol. Rev.* 16:259-269.
Ghisalba, O., Auden, J. A. L., Schuup, T., Nuesch, J. **(1984).** As rifamicinas: propriedades, biossíntese e fermentação. In Biotechn. of Indu. Antibio. Editado por E. J. Vandamme. New York: Marcel Dekker. 281-327.
Gibbons, R. J., Abrams, J., Chatterjee, K., Daley, J., Deedwania, P. C., Douglas, J. S. **(2003).** Atualização das diretrizes para o tratamento de doentes com angina estável crónica - artigo resumido. Um relatório do Colégio Americano de Cardiologia. American Heart Association Task Force on practice guidelines. *J.Am.Coll.Cardiol.* 41:159-168.
Giles, N. H. **(1951).** Estudos sobre o mecanismo de reversão em mutantes bioquímicos de *Neurospora crassa. Cold Spring harbor Symp. on Quantative Biol.* 16:283-313.
Goksungur, V., Zorlu, N. **(2001).** Produção de etanol a partir de melaço de beterraba por células de levedura imobilizadas com Ca-alginato num bioreactor de leito fixo. *Turk. J. Biol.* 25:265-275.
Goldberg, I. J., Holleran, S., Ramakrishnan, R., Adams, M., Palmer, R. H., Dell, R. B. **(1990).** Ausência de efeito da terapia com lovastatina sobre os parâmetros do metabolismo do colesterol no corpo inteiro. *J. Clin. Invest.* 86:801-808.
Goldsmith, G. A., Hamilton, J. G., Miller, O. N. **(1960).** Diminuição das concentrações de lípidos no soro. Mecanismos utilizados por gorduras insaturadas, ácido nicotínico e neomicina: excreção de esteróis e ácidos biliares. *Arch. Intern. Med.* 105:512-517.
Goldstein, J. L., Brown, M. S. **(1975).** Lipoprotein receptors, cholesterol metabolism, and atherosclerosis. *Arch. Pathol.* 99:181-184.
Goldstein, J. L., Brown, M. S. **(1984).** Progress in understanding the LDL recetor and HMG-CoA reductase, two membrane proteins that regulate the plasma cholesterol. *J. Lipid Res.* 25:1450-1461.
Gordon, D., Schwartz, S. M. **(1987).** Replicação de células do músculo liso arterial na hipertensão e na aterosclerose. *Am. J. Cardiol.* 59:44A- 48A.
Graaf, M. R., Richel, D. J., Noorden, C. J., Guchelaar, H. J. **(2004).** Effects of statins and farnesyl transferaseinhibitors on the development and progression of cancer. *Cancer Treat.Rev.* 30:609-641.
Greene, B., Bedell, G. W. **(1990).** Géis de algas ou algas imobilizadas para recuperação de metais. An introduction to applied phycology, ed. Akatsuka L, pp. 137-149, The Hague: The Hague. Akatsuka L, pp. 137-149, Haia: SPB Academic publishing.
Greenspan, M. D., Yudkovitz, J. B. **(1985).** Biossíntese de ácido mevinolínico por *Aspergillus terreus* e sua relação com a biossíntese de ácidos gordos. *J.Bacteriol.* 162:704-707.
Greenwood, J., Walters, C. E., Pryce, G., Kanuga, N., Beraud, E., Baker, **D. (2003).** A lovastatina inibe a migração de linfócitos mediada por Rho nas células endoteliais do cérebro e atenua a encefalomielite autoimune experimental. *FASEBJ.* 17:905-907.
Grundy, S. M. **(1988).** Inibidores da HMG-CoA redutase para o tratamento da hipercolesterolemia. *N. Engl. J. Med.* 319:24-33.
Grundy, S. M., Vega, G. L. **(1985).** Influência da mevinolina no metabolismo das lipoproteínas de baixa densidade na hipercolesterolemia moderada primária. J. *Lipid Res.* 26:1464-1475.
Grunler, J., Ericsson, J., Dallner, G. **(1994).** Reacções de ponto de ramificação na biossíntese de colesterol, dolichol, ubiquinona e proteínas preniladas. *Biochim. Biophys. Ata.* 1212:259-277.
Guioqang, D., Kaul, R., Mattiasson, B. **(1992).** Imobilização de *Lactobacillus casei* em material cerâmico pré-tratado com poli-etilenemina. *Appl. Microbiol. Biotechnol.* 37:305-310.
Gunde-Cimerman, N., Friedrich, J., Cimerman, A., Benicki. **(1993).** Rastreio de fungos para a produção de um inibidor da HMG-CoA redutase: Produção de mevinolina pelos fungos do género

Pleurotus. FEMS Microbiol. Lett. 111:203-206.
Hackam, D. J., Rotstein, O. D., Schreiber, A., Zhang, W., Grinstein, S. **(1997).** Rho é necessário para o início da sinalização de cálcio e fagocitose por receptores Fey em macrófagos. *J. Exp. Med.* 186:955966.
Hajjaj, H., Niederberger, P., Philippe, D. **(2001).** Biossíntese de Lovastatina por *Aspergillus terreus* num meio quimicamente definido. *Appl. Env. microb.Technol.* 67:2596-2602.
Hajko, P., Wildman, A. **(1993).** Processo de purificação de inibidores da HMG-CoA redutase.U.S.Patent. 5:202-229.
Haq, I., Ashraf, H., Rani, S., Qadeer, M. A. **(2002).** Biossíntese de alfa amilase por mutante quimicamente tratado de *Bacillus subtilis GCBM-25. Pak. J. Bot. 37:373-379.*
Havel, R. J., Hunninghake, D. B., Illingworth, D. R., Lees, R.S., Stein, E. A., Tobert, J. A., Bacon, S. R., Bolognese, J. A., Frost, P. H. **(1987).** Lovastatina (mevinolina) no tratamento da hipercolesterolemia familiar heterozigótica: um estudo multicêntrico. *Arum. Intern .Med.* 107:609-615. Hebert, P. R., Gaziano, J. M., Chan, K. S., Hennekens, C. H. **(1997).** Redução do colesterol com drogas estatinas, risco de acidente vascular cerebral e mortalidade total: uma visão geral de ensaios randomizados. *JAMA.* 278:313-321.
Hernandez-Perera, O., Perez-Sala, D., Navarro-Antolin, J., Sanchez-Pascuala, R., Hernandez, **G.,** Diaz, **C. (1998).**Efeitos dos inibidores da 3-hidroxi-3-metilglutaril-CoA redutase, atorvastatina esimvastatina, na expressão da endotelina-1 e da óxido nítrico sintase endotelial em células endoteliais vasculares./. *Clin. Invest.* 101:2711-2719.
Hillyard, D. Z., Jardine, A. G., McDonald, K. J., Cameron, A. J. **(2004).** A fluvastatina inibe a sinalização do recetor Fey dependente da balsa em monócitos humanos. *Atherosclerosis.* 172:219-228.
Hjorleifsdottir, S., Seevaratnam, S., Holst, O., Mattiasson, B. **(1990).** Efeitos da reciclagem celular na formação de produtos *por L.casei ssp. Rhamnosus* em culturas contínuas. *Curr. Microbiol.* 20:287-292.
Hodge, S., Hodge, G., Scicchitano, R., Reynolds, P. N., Holmes, M. **(2003).** Os macrófagos alveolares de indivíduos com doença pulmonar obstrutiva crónica são deficientes na sua capacidade de fagocitar células epiteliais apoptóticas das vias respiratórias. *Immunol. Cell Biol.* 81:289-296.
Hoeg, J. M., Maher, M. B., Zech, L. A., Bailey, K. R., Gregg, R. E. **(1986).** Eficácia da mevinolina nas concentrações de lipoproteínas plasmáticas na hiperlipoproteinemia de tipo II. *Am. J. Cardiol.* 57: 933-939.
Hoffmann, P.R., Kench, J. A., Vodracek, A., Kruk, E., Daleke, D. L., Jordan, M., Marrack, P., Henson, P. M., Fadok, V. A. **(2005).** A interação entre a fosfatidilserina e o recetor da fosfatidilserina inibe as respostas imunitárias in vivo. *J. Immunol.* 174:13 93-1404.
Hoglund, K., Syversen, S., Lewczuk, P., Wallin, A., Wiltfang, J., Blennow, K. **(2005).** Tratamento com estatinas e um padrão específico de peptídeos beta-amilóides na doença de Alzheimer. *Exp. Brain Res.* 164:205214.
Hollander, W., Chobanian, A. **(1959).** Efeitos de um inibidor da biossíntese do colesterol, triparanol (MER-29), em indivíduos com e sem doença arterial coronária. *Boston Med. Quart.* 10:37-44.
Holzgrabe, U., Diehl, B, W, K., Wawer, I. **(1998).** NMR spectroscopy in pharmacy, *J Pharm. Biomed. Anal.* 17:557-616.
Horn, M. P., Knecht, S. M., Rushing, F. L. **(2008).** A sinvastatina inibe a invasão de células hospedeiras de Staphylococcus aureus através da modulação de intermediários isoprenóides. *J. Pharmacol. Exp. Ther.* 326:135-143.
Hsu, C. T., Wang, N. Y., Latimer, L. H., Sih, C. J. **(1983).** Síntese total do agente hipocolesterolémico

compactina. *J. Am. Chem. Soc.* 105:593-601.
Hunninghake, D. B. **(1992).** Inibidores da HMG-CoA redutase. *Curr. Opin. Lipidol.* 3:22-28.
Hutchinson, C. R., Kennedy, J., Park, C., Kendrew, S., Auclair, K., Vederas, J. C. **(2000).** Aspectos da biossíntese de policetídeos fúngicos não aromáticos por policetídeo sintases iterativas. *Antony van Leeuwenhoek.* 78:287-295.
Huynh, M. L., Fadok, V. A., Henson, P. M. **(2002).** A ingestão de células apoptóticas dependente de fosfatidilserina promove a secreção de TGF-61 e a resolução da inflamação. *J. Clin. Invest.* 109:41-50.
li, M., Nishimura, H., Kusano, K. F., Qin, G., Yoon, Y. S., Wecker, A. **(2005).** O óxido nítrico sintase neuronal medeia a restauração de vasa nervorum induzida por estatina e a reversão da neuropatia diabética. *Circulação .12:93-102.*
Illingworth, D. R., Sexton, **G. J. (1984).** Efeitos hipocolesterolémicos da mevinolina em doentes com hipercolesterolemia familiar heterozigótica. *J. Clin.Invest.74:1972-1978.*
Iqbal, M., Zafar, S. I. **(1994)** A esponja vegetal como matriz para imobilizar micróbios: um estudo experimental para fungos hifais, leveduras e bactérias. *Lett. Appl.Microbiol.* 18:214-217.
Irons, B. K., Kroon, L. A. **(2005).** Gestão lipídica com estatinas na diabetes mellitus tipo 2. *Ann. Pharmacother.39:1714-1718.*
Jaivel, N., Marimuthu, P. **(2010).** Isolamento e rastreio de microrganismos produtores de lovastatina. *Int. J. Engineer. Sci. Tech.* 2:2607-2611.
Jaivel, N., Marimuthu, P. **(2010).** Otimização da produção de lovastatina em fermentação em estado sólido por *Aspergillus terreus. Int. J. Eng. Sci. Technol.* 2:2730-2733.
Jakobisiak, M., Golab, J. **(2003).** Potenciais efeitos antitumorais das estatinas. Int. J. *Oncol.* 23:1055-1069.
Jamuna, R., Ramakrishna, V. **(1992).** Síntese contínua de a-amilase termoestável por células *de Bacillus* imobilizadas em alginato de cálcio. *Enzyme Microb. Technol.* 14:36-41.
Jarai, M. **(1961).** Recombinação genética em *Streptomyces aureofaciens. Ata. Microbial. Acad.Sei.Hungary.* 8:73-79.
Jerwood, S **(2008).** Efeito antimicrobiano inesperado das estatinas. *J. Antimicrob. Chemother.* 61:362-364.
Jick, H., Zomberg, G. L., Jick, S.S., Seshadri, S., Drachman, D.A. **(2000).** Statins and the risk of dementia. *Lancet.356:*1627-1631.
Joh, J. H., Kim, B. G. T., Kong, W. S., Yoo, Y. B., Chu, K. S., Kim, N. K., Park, H. R., Cho, B. G., Lee, C. S. **(2004).** Isolamento e caraterização de mutantes dikaryotic de *Pleurotus ostreatus* por irradiação UV. *Mycobiology.* 32:88-96.
Jones, P., Kafonek,S., Laurora, I., Hunninghake, D. **(1998).** Estudo comparativo da eficácia da dose de atorvastatina versus sinvastatina, pravastatina, lovastatina e fluvastatina em pacientes com hipercolesterolemia (o estudo CURVES).^m.J.CWzo/.81: 582-587.
Juzlova, P., Martinkova, L, Kren, V. **(1996).** Metabolitos secundários do fungo Monascus: A review. *J. Ind. Microbiol.* 16:163-170.
Kaneko, I., Hazama, Y., Shimada, Endo, A. **(1978).** Efeitos inibitórios sobre o metabolismo lipídico em células de cultura do ML-236B, um potente inibidor da 3-hidroxi-3-metilglutaril coenzima A redutase. *Em. J. Biochem.* 87:313-321.
Karel, S. F., Libicki, S. B., Robertson, C. R. **(1985).** A imobilização de células inteiras: Princípios de engenharia. *Chern. Eng. Sci.* 40:1321-1354.
Katchalski Katzir, E. **(1993).** Enzimas imobilizadas: Aprendendo com os sucessos e fracassos do passado. *Trends Biotechnol.* 11:471-478.

Kautola, H., Rymowicz, W., Linko, Y. Y., Linko, **P.(1991).** Produção de ácido itacónico por *Aspergillus terreus* imobilizado com várias adições de metal. *Appl. Microbiol. Biotechnol.* 35:154-158.

Kavanagh, **F.(1992).** Analytical Microbiology II, Academic press, Nova Iorque. 241-243.

Kennedy, J., Auclair, K., Kendrew, S. G., Park, C., Vederas, J. C., Hutchinson, C. R. **(1999).** Modulação da atividade da policetídeo sintase por proteínas acessórias durante a biossíntese da lovastatina. *Science.* 284:13681372.

Kerpel-Fronius, S., Fischer, J. **(2006).** Otimização das propriedades farmacológicas clínicas dos inibidores da HMG-CoA redutase. *Analogue-based Drug Discovery,* pp. 137-156.

Keys, A. **(1980)** Seven Countries: A Multivariate Analysis of Death and Coronary Heart Disease. Harvard University I Press, Cambridge, MA. 1381.

Kiestan, **M.,** Bucke, **C. (1977).** A imobilização de células microbianas, organelos subcelulares e enzimas em géis de alginato de cálcio. *Biotechnol.Bioeng.* 19:387-397.

Kim, W. S., Kim, M. M" Choi, H. J., Yoon, S. S" Lee, M. H" Park, K. **(2001).** Estudo de fase II de pacientes com alta dose de lovastatina com adenocarcinoma gástrico avançado. *Invest. New Drugs.* 19:81-83.

Kimura, K., Komagata, D., Murakawa, S., Endo, A. **(1990).** Biossíntese de monacolinas: Conversão de monacolina J em monacolina K (mevinolina) *J. Antibiot.(Tokyo).* 43:1621-1622.

Kinane, T. B., Avraham, H., Koziel, H. **(2005).** A ativação de Cdc42 e RhoB é necessária para a fagocitose mediada por receptores de manose por macrófagos alveolares humanos. *Mol. Biol. Cell.* 16:824-834.

Kita, Brown, T. M. S., Goldstein, J. L. **(1980).** Regulação do feedback da 3-hidroxi-3-metilglutaril coenzima A redutase em fígados de ratos tratados com mevinolina, um inibidor competitivo da redutase. *J. Clin. Invest.* 66:1094-1100.

Knauss, H. J., Porter, J. W., Watson, G. **(1959).**A biossíntese do ácido mevalónico a partir do C-acetato pelo sistema enzimático do fígado de rato. *J. Biol. Chem.* 234:2835-2840.

Konosuke, M., William, J., Michael, B., Kathleen, A., Valeria, M., Russell, P., Yi-Qun., Jennifer, A., Peter, M. **(2006).** A lovastatina aumenta a depuração de células apoptóticas com implicações para a doença pulmonar obstrutiva crónica. *O J. de Imunologia. 176:7657-7665.*

Kontoyiannis, D. P. **(2007).** Diminuição do número de casos relatados de zigomicose entre pacientes com diabetes mellitus: uma hipótese. *Clin. Infect. Dis.* 44:1089-1090.

Krukemyer, J. J., Talbert, R. L. **(1987).** Lovastatina: um novo agente redutor do colesterol. *Pharmacotherapy.7*:198-210.

Kumar, M. S., Jana, S. K., Senthil, V., Shashanka, S., Kumar,S. V., Sadhukhan, A. K. **(2000).** Processo descontínuo de alimentação repetida para melhorar a produção de lovastatina. *Process. Biochem.* 36:363-368.

Kumar, M. S., Kumar, P. M., Sarnaik, H. M., Sadhukan, A. K. **(2000 b).** A rapid technique for screening of lovastatin-producing strains of *Aspergillus terreus* by agar plug and *Neurospora crassa* bioassay. *Journal of Microbiological methods.* 40:99-104.

Kuroda, M., Y., Tsujita, K., Tanzawa, Endo, A. **(1979).** Hypolipidemic effects in monkeys of ML-236B, a competitive inhibitor of 3-hydroxy-3- methylglutaryl coenzyme A Reductase. *Lipids.* 14:580-585.

Kwak, M. Y., Rhee, J. S. **(1992).** Caraterísticas de cultivo de *Aspergillus oryzae* imobilizado para a produção de ácido kójico. *Biotechnol. Bioeng.* 39:903-906.

Kwon, J., Kaul, R., Mattiasson, **B.(1996).** Fermentação extractiva de ácido lático em sistema aquoso de duas fases à base de PEI. *Biotechnol. Bioeng.* 50:280-290.

LaCroix, A. Z., Cauley, J. A., Pettinger, M., Hsia, J., Bauer, D. C., McGowan, J. **(2003).** Utilização de estatinas, fratura clínica e densidade óssea em mulheres pós-menopáusicas: resultados do Estudo Observacional da Iniciativa para a Saúde da Mulher. *Ann.Intern. Med.* 139:97-104.
Lakshmanan, D., Radha, K. V. **(2012).** Uma estimativa quantitativa eficaz da lovastatina de *Pleurotus ostreatus* usando UV e HPLC. *Int. J. Pharm. Sci.* 4:462-464.
Larne, J., Jane, J., Laws, E., Packer, R., Myers, C., Shaffrey, M. **(1998).** A phase I-II trial of lovastatin for anaplastic astrocytoma and glioblastoma multiforrne. *Am. J. Clin. Oncol.* 21:579-583.
Laufs, U., Marra, D., Node, K., Liao, J. K. **(1999).** 3-Hydroxy-3- methylglutaryl-CoA reductase inhibitors attenuatevascular smooth muscle proliferation by preventing rho GTPase-induced down-regulation of p27(Kip 1). *J. Biol. Chem.* 274:21926-21931.
Ledesma, M. D., Dotti, C. G. **(2005).** O papel contraditório do colesterol cerebral na doença de Alzheimer: lições do sistema de plasminogénio cerebral. *Biochem. Soc. Symp.* 72:129-138.
Lee, C, L., Wang, J. J., Kuo, S. L. **(2006).** Fermentação de dioscorea *por Monascus* para aumentar a produção do agente redutor de colesterol - Monacolin K. *Appl. Microbial biotechnol.72:1254-1262.*
Lee, J.H., Lee, D.S., Kim, E. K., Choe, K. H" Oh, Y. M., Shim, T. S" Kim, S. E., Lee, Y. S., Lee, S. D. **(2005).** A sinvastatina inibe o enfisema induzido pelo fumo do cigarro e a hipertensão pulmonar em pulmões de ratos. *Am. J. Respir. Crit. Care Med.* 172:987-993.
Liappis, A. P., Kan, V. L., Rochester, C. G., Simon, G. L. **(2001).** O efeito das estatinas na mortalidade em pacientes com bacteremia. *Clin. Infect. Dis.* 33:1352-1357.
Lin, Y. L., Wang, T. H., Lee, M. H., Su, N. W. **(2008).** Componentes biologicamente activos e nutracêuticos no arroz fermentado em Mowascws: uma *revisão. Appl. Microbiol. Biotechnol.* 77:965-973.
Lindgren, V., Luskey, K. L., Russell, D. W., Francke, U. **(1985).** Human genes involved in cholesterol metabolism: chromosomal mapping of the loci for the low density lipoprotein recetor and 3-hydroxy-3- methylglutaryl-coenzyme A reductase with cDNA probes. *Proc. Natl. Acad. Sci.* U.S.A. 82:8567-8571.
Loike, J. D., Shabtai, D. Y., Neuhut, R., Malitzky, S., Lu, E., Husemann, J., Goldberg, I. J., Silverstein, S. **C. (2004).** A inibição da estatina da fagocitose mediada pelo recetor Fc por macrófagos é modulada pela ativação celular e pelo colesterol. Arterioscler. Thromb. Vase. Biol. 24:20512056.
Lopez, C. J. L., Sanchez Perez, J. A., Fernandez Sevilla, J. M., Acien Fernandez, F. G., Molina Grima, E., Chisti, Y. (2004).Otimização da fermentação para a produção de lovastatina *por Aspergillus terreus'.* Utilização da metodologia de superfície de resposta. *Journal cf chemical technology and biotechnology.* 79:1119-1126.
Lopez, C. J. L., Sanchez Perez, J. A., Fernandez Sevilla, J. M., Acien Fernandez, F. G., Molina Grima, E., Chisti, Y. **(2006).** Reologia do caldo de *Aspergillus terreus*, transferência de oxigénio e produção de lovastatina num reator de lamas agitadas com gás. *Ind.Engg.Chem.Res.* 45: 4837-4843.
Lopez, C. J. L., Sanchez Perez, J. A., Fernandez Sevilla, J.M., Acien Fernandez, F.G., Molina Grima, E., Chisti, Y. **(2003).** Produção de lovastatina *por Aspergillus terreus'.* efeitos do rácio C:N e dos principais nutrientes no crescimento e na produção de metabolitos. *Enzyme Microb.Technol.* 33:270-277.
Lopez, J. L., Porcel, E, M., Ferron, M. A., Perez, J. A., Sevilla, J. M., Chisti, Y. **(2004).** A lovastatina inibe a sua própria síntese em *Aspergillus terreus. J. Ind. Microbiol. Biotechnol.* 31:48-50.
Lozinsky, V. L, Plieva, F. M. **(1998).** Criogéis de poli (álcool vinílico) utilizados como matrizes para imobilização de células. Panorama da investigação e dos desenvolvimentos recentes. *Enzyme Microb. Technol.* 23:227-242.
Mabuchi, H., Sakai, T., Sakai, Y., Yoshimura, A., Watanabe, A., Wakasugi, A., Watanabe, T.,

Koizumi, J., Takeda, R. **(1983).** Redução do colesterol sérico em pacientes heterozigotos com hipercolesterolemia familiar: efeitos aditivos da compactina e da colestiramina. A. *Engl. J.* W.308:609-613.

Mabuchi, H., Haba, T., Tatami, R., Miyamoto, S., Sakai,Y., Wakasugi, T., Watanabe, A., Koizumi, J., Takeda, R.(1981). Efeitos de um inibidor da 3-hidroxi-3-metilglutaril coenzima A redutase nas lipoproteínas séricas e nos níveis de ubiquinona-10 em pacientes com hipercolesterolemia familiar A. *Engl. J. Med.* 305:478-482.

Macreadie, I. G. **(2006).** Inibição do crescimento de *espécies de Candida* e *Aspergillus fumigatus* por estatinas. FEMS. Microbiol. Lett. 262:9-13.

Maltese, W. A. **(1990).** Modificação pós-tradução de proteínas por isoprenoides em células de mamíferos. *FASEB.* 4:3319-3328.

Manzoni, M., Rollini, M. **(2002).** Biossíntese e produção biotecnológica de estatinas por fungos filamentosos e aplicação destes fármacos para a redução do colesterol. *Appl. Microbiol. Biotechnol.* 58:555-564.

Martin, **C. P.(2007).** Eficácia das estatinas na redução da taxa de sépsis grave: uma avaliação retrospetiva. *Pharmacotherapy.* 27:20-26.

Matar, P., Rozados, V. R., Roggero, E. A., Bonfil, R. D., Scharovsky, O. **G. (1999).** Efeito inibitório da lovastatina em metástases espontâneas derivadas de um linfoma de rato. *Clin. Exp. Metastasis.* 17:19-25.

McKay, A., Leung, B.P., Mcinnes, I. B., Thomson, N. C., Liew,F. Y. **(2004).** Um novo papel anti-inflamatório da sinvastatina num modelo murino de asma alérgica. *J. Immunol.* 172:2903-2908.

Meenu, M., Santhosh, D., Kamia, C., Randhir, S. **(2000).** Melhoramento de estirpes de *Aspergillus flavus* para aumentar a produção. *Ind. J. Microbiol.* 40:25-32.

Merx, M. W., Liehn, E. A., Janssens, U., Lutticken, R., Schrader, J., Hanrath, P., Weber, C. **(2004).** O inibidor da HMG-CoA redutase sinvastatina melhora profundamente a sobrevivência num modelo murino de sépsis. *Circulation.* 109:2560-2565.

Michaux, M., Paquot, M., Baijot, B., Thonart, P. H. **(1982).** Fermentação contínua: melhoria da imobilização celular através da medição do potencial zeta. *Biotechnol. Bioeng. Symp.* 12:475-484.

Mielcarek, J., Naskrent, M., Grobelny, P. (2009).Propriedades fotoquímicas da sinvastatina e da lovastatina induzidas por radiação. *Jornal de análise térmica e colorimetria.* 96:301-305.

Mienda,S. B., Idi, A., Umar, A. **(2011).** Caraterísticas microbiológicas da fermentação em estado sólido e suas aplicações - Uma visão geral. *Res. Biotechnol.2:21 -26.*

Miller, J. H. **(1972).** In: Experiments in molecular genetics, 11th edition (Cold Spring Harbor Laboratory, Cold Spring Harbor, New York), 113.

Miyake, T., Uchitomi, K., Yong Zhang, M., Kono, I., Nozaki, N.,Sammoto, H., Inagaki, K. **(2006).**Efeitos dos principais nutrientes na produção de lovastatina por *Monascus pilosus. Bosci. Biochem.* 70:1154-1159. Moore, R. N., Bigam, G., Chan, J. K., Hogg, A. M., Nakashima, T. T., Vederas, J. C. **(1985).** Biossíntese do agente hipocolesterolémico mevinolina por *Aspergillus terreus:* Determinação da origem dos átomos de carbono, hidrogénio e oxigénio por RMN e espetrometria de massa. *J. Am. Chern. Soc.* 107:3694-3701.

Morovjan, G., Szakacs, G., Fekete, J. (1997).Monitorização de metabolitos selecionados e produtos de biotransformação de caldos de fermentação por cromatografia líquida de alta performance. *J.Chromatogr.A.* 763:165-172.

Mowen, K. A., Glimcher, L. H. **(2004).** Vias de sinalização no desenvolvimento de Th2. *Immunol. Rev.* 202:203-222.

Nedovic, V., Willaert, R. **(2004).** Fundamentos da biotecnologia de imobilização celular. Ser. Foco

na biotecnologia. V.8A. Springer, Berlim Heidelberg, Nova Iorque.
Negishi, S., Huang, Z. C., Hasumi, K., Murakawa, S., Endo, A. **(1986).** Produtividade da monacolina K (mevinolina) no género *Monascus*. *J. Ferment. Eng.* 64:509-551.
Nestel, P. J., Eisenberg, S. **(1992).** Nutrition and therapeutics: editorial overview. *Curr. Opin. Lipidol.* 3:1-4.
Nomura, Y., Iwahara, M., Hongo, M. **(1987).** Produção de ácido lático por fermentação por eletrodiálise utilizando células em crescimento imobilizadas. *Biotechnol. Bioeng.* 30:788-793.
Notkola, I. L., Sulkava, R., Pekkanen, J., Erkinjuntti, T., Ehnholm, C., Kivinen, P. **(1999).** Colesterol total no soro, alelo epsilon4 da apolipoproteína E e doença de Alzheimer. *Neuroepidemiology.17:14-20.*
Novak, N., Gerdin, S., Berovic, M. **(1997).** Aumento da formação de lovastatina por *Aspergillus terreus* usando um processo repetido de lote alimentado. *Biotechnology Lett.* 19:947-948.
Nunez, M. J., Lema, J. M. **(1987).** Imobilização celular: aplicação à produção de álcool. *Enzyme Microb. Technol.* 9:642-651.
O'Driscoll, K. F. **(1976).** Técnicas de aprisionamento de enzimas em géis. In: Methods in Enz. (Mosbach, K., ed.), Academic Press, Nova Iorque, NY, XLIV:169-183.
Ogbonna, J. C., Amano, Y., Nakamura, K. **(1989a).** Elucidação das condições óptimas para a imobilização de células viáveis em alginato de cálcio. *J. Ferment.Bioeng.* 67:92-96.
Ogbonna, J. C., Mashima, H., Tanaka, H. **(2001).** Aumento da produção de etanol combustível a partir de sumo de beterraba sacarina utilizando um biorreactor imobilizado com esponja de loofa. *Biores. Technol.* 76:1-8.
Ogbonna, J. **C.,** Matsumura, M., Kataoka, H. **(1991).** Oxigenação eficaz de células imobilizadas através da redução do diâmetro das esferas: uma revisão, *Proc.Biochem.* 26:109-121.
Ogbonna, J. C., Matsumura, M., Yamagata, T., Sakuma, H., Kataok, H. **(1989b).** Produção de pérolas de mirco-gel por um atomizador de disco rotativo. *J.Ferment. Bioeng.* 68:40-48.
Ogbonna, J. C., Tomiyama, S., Tanaka, H. **(1996).** Desenvolvimento de um método para imobilização de células não-floculantes em loofa (esponja *cilíndrica de Luffa*). *Proc. Biochem.* 31:737-744.
Ohm, T. G., Meske, V. **(2006).** Estatinas de colesterol e tau. *Ata Neurol Scand.* 114:93-101.
Ohnaka, K., Shimoda, S., Nawata, H., Shimokawa, H., Kaibuchi, K., Iwamoto, Y. **(2001).** A pitavastatina aumentou a expressão de BMP-2 e osteocalcina por inibição da quinase associada a Rho em osteoblastos humanos. *Biochem. Biophys. Res. Commun.* 287:337-342.
Osman, M. E., Khattab, O. H., Zaghlol, G. M., El-Hameed, R. M. A. **(2011).** Otimização de alguns fatores físicos e químicos para a produtividade da lovastatina pela cepa local de *Aspergillus terreus. Aus. J. Basic Appl. Sci.* 5:718-732.
Osman, M. E., Khattab, O. H., Zaghlol, G. M., Rehab, M., Abd El- Hameed. **(2011).** Otimização de alguns factores físicos e químicos para a produtividade da Lovastatina por estirpe local de *Aspergillus terreus.Aust. J. Basic and Appl. Sci.* 5:718-732.
Ozasa, H., Miyazawa, S., Furuta, S., Osumi, T., Hashimoto, T. **(1985).** Indução de enzimas de beta-oxidação peroxissomal em hepatócitos primários de rato em cultura. J. *Biochem.* (Tokyo). 97:1273-1278.
Pahan, K., Liu, X., McKinney, M. J., Wood, C., Sheikh, F. G., Raymond, J. R. **(2000).** A expressão de um mutante dominante-negativo de p21(Ras) inibe a indução da óxido nítrico sintase e a ativação do fator nuclear-kappa B em astrócitos primários. *J. Neurochem.* 74:22882295.
Pahan, K., Sheikh, F. G., Khan, M., Namboodiri, A. M., Singh, I. **(1998).** Sphingomyelinase and ceramide stimulatethe expression of inducible nitric-oxide synthase in rat primary astrocytes. *J. Biol. Chern.* 273:25912600.

Pahan, K., Sheikh, F. G., Namboodiri, A. M., Singh,I. **(1997).** Lovastatina e fenilacetato inibem a indução de óxido nítrico sintase e citocinas em astrócitos primários de ratos, microglia e macrófagos. *J. Clin. Invest.* 100:2671-2679.

Pallem akya, Parvatham, Madhu Latha e Manipati Srikanth. **(2011).** Fermentação em estado sólido para a produção de lovastatina por *Aspergillus fischeri. Res. J. Pharm. Sci. Biotech.* 1:9-13.

Palmer, R. H., Dell, R. B., Goodman, D. W. **(1990).** Ausência de efeito da terapia com lovastatina sobre os parâmetros do metabolismo do colesterol no corpo inteiro. J. *Clin Invest.* 86:801-808.

Panda, B. P., Saleem, J., Mohammad, A. **(2008).**Otimização dos parâmetros de fermentação para uma maior produção de lovastatina em arroz vermelho através da co-cultura de *Monascus purpureus* e *Monascus ruber. Food bioprocess.technol.* 53:342-346.

Panda, B. P., Saleem, J., Mohammad, **A.(2009).** Análise estatística e validação dos parâmetros do processo que influenciam a produção de lovastatina por *Monascus purpureus* MTCC 369 em fermentação em estado sólido. *Biotecnologia e Bioprocess. Engg.* 14:123-127.

Pandey, A., Nigam, P., Soccol, C. R., Soccol, V. T., Singh, D., Mohan, R. **(2000).** Advances in microbial amylases. *Biotechnol. Appl. Biochem.* 31:135-152.

Pandey, A., Soccol, C. R., Rodrigoez-Leon, Nigam, P. **(2001).** Solid state fermentation in biotechnology-Fundamentals and Applications 1st ed., New Delhi India. Nova Deli, Índia: Asiatech Publications Inc.

Pansuriya, C. R., Singhal, S. R. **(2009).** Extração de fluido supercrítico de lovastatina do farelo de trigo obtido após fermentação em estado sólido. *Food Technol. Biotechnol.* 47:159-165.

Paraskevas.(2007). Indicações emergentes para estatinas: uma família pluripotente de agentes com várias aplicações potenciais.*Curr. Pharm. Des.* 13:36223636.

Pardeep Kumar, Satyanarayana, T. **(2007).** Produção de glucoamilase termoestável e neutra utilizando *Thermomucor indicae- Seudaticae* imobilizada. *World J. Microbiol. Biotechnol.* 23:509-517.

Parekh, S., Vinci, V. A., Strobel, R. J. **(2000).** Melhoria das estirpes microbianas e dos processos de fermentação. *Appl. Microbiol. Biotechnol.* 54:287301.

Parrou, J. L., Teste, M. A., Francios, J. **(1997).** Efeitos de vários stresses no metabolismo dos hidratos de carbono de reserva em *S. cerevesiae;* provas genéticas da reciclagem de glicogénio e trealose induzida pelo stress. *Microbiology.* 143:1891-1889.

Patel, R, P., Patel, M, M. **(2007).** Preparação e avaliação do complexo de inclusão do fármaco hipolipemiante lovastatina com P-ciclodextrina. Dhaka Univ. *J. Pharm. Sei.* 6:25-36.

Pattana Sripalakit, Janya Riunkesom e Aurasorn Saraphanchotiwitthaya. **(2011).** Utilização de óleos vegetais na produção de lovastatina por *Aspergillus terreus* ATCC 20542 em cultivo submerso. *Maejo. Int. J. Sei. Technol.* 5:231-240.

Paul, N. D., Jacobson, R. J., Taylor, A., Wargent, J. J., Moore, J. P. **(2005).** A utilização de materiais de revestimento de plástico selectivos em termos de comprimento de onda na horticultura: compreensão das respostas das culturas e dos fungos através da avaliação das funções de ponderação espetral biológica. *Photochem. Photobiol.* 81:1052-1060.

Pickin, D. M., McCabe, C. J., Ramsay, I. E., Payne, N., Haq. **(1999).** Custo-eficácia do tratamento com inibidores da HMG-CoA redutase (estatinas) relacionado com o risco de doença coronária e o custo do tratamento medicamentoso. *Heart.* 82:325-332.

Pie-Lian, W. E. I., Zhi-nan, X. U., Pei Lin, C. E. N. **(2007).** Produção de Lovastatina por *Aspergillus terreus* em fermentação em estado sólido. *Jornal de zheijan.Uni,Sci* A. 8:1521-1526.

Pollak, **O.** J. **(1953).** Redução do colesterol no sangue do homem. Circulation. 7:702-706.

Porcel, E. M., Casas Lopez, J. L, Sanchez Perez, J. A, Chisti, Y. **(2007).** Produção melhorada de lovastatina numa coluna de bolhas por *Aspergillus terreus* utilizando uma estratégia de alimentação em duas fases. *J. Chem. Technol. Biotechnol.* 82:58-64.

Porcel, R. E., Lopez, C. J. L., Ferron, V. M. A., Perz, S. J. A., Sanchez, G. J. L., Chisti, Y. **(2006).** Efeitos das condições de spomlation na produção de lovastatina por *Aspergillus terreus. Bioprocess Biosyst. Eng.* 29:1-5.

Prabhakar, M., Lingappa, K., Vivek babu, Amena, S., Vishalakshi, N., Mahesh, D. **(2012).** Caracterização de factores físicos para a produção óptima de lovastatina por *Aspergillus terreus* KLVB28mu21 sob fermentação em estado sólido. *JRAAS.* 27:1-5.

Praveen, V. K., Savitha, J. **(2012).** Fermentação em estado sólido: Um método eficaz para a produção de Lovastatina por Fungi-A Mini Review. *O Jornal Aberto de Medicina Tropical.* 5:1-5.

Pruefer.**(2002).** A sinvastatina inibe as propriedades inflamatórias da *a-toxina de Staphylococcus aureus. Circulation.* 106:2104-2110.

Qiao, J. **(2007).** Atividade antifúngica das estatinas contra *espécies de Aspergillus. Med Mycol.* 45:589-593.

Radha, K. V., Lakshmanan, D. **(2013).** Uma revisão: Produção e aplicações de Lovastatina. *Jornal Asiático de Pesquisa Farmacêutica e Clínica.* 6:21-26.

Raghunath, R., Radhakrishna, A., Angayarkanni, J., Palaniswamy, M. **(2012).** Estudos de produção e citotoxicidade de lovastatina de *Aspergillus niger* PN2 um fungo endofítico isolado de *Taxus baccata. Revista Internacional de Biologia Aplicada e Tecnologia Farmacêutica.* 3:342-351.

Ramakrishna, S. V., Prakasham, R. S. **(1999).** Fermentação microbiana com células imobilizadas. *Curr. Sci.* (India). 77:87-100.

Rizna Triana Dewi, Nina Artanti, Hani Mulyani, Puspa Dewi Narrij Lotulung, Minarti. **(2011).** Produção de lovastatina e sulocrina por *Aspergillus terreus* usando fermentação em estado sólido. Makara, Teknologi. 15:1-4.

Robie, N. **D.**, Obgonna, J. **C.**, Tanaka, H. **(2003b).** Produção de ácido L-lático a partir de amido de mandioca em bruto num bioreactor de circuito circulante com células imobilizadas em loofa *(Luffa cylindrical). Biotechnol. Lett.* 25:10931098.

Robie, N. D., Obgonna, J. C., Tanaka, H. **(2003a).** Um novo biorreactor de circuito circulante com células imobilizadas em esponja *loofa (Lujfa cilíndrica)* para a bioconversão de amido de mandioca cru em etanol. *Appl. Microbiol. Biotechnol.* 60:671-678.

Rodriguez Porcel, E., Casa Lopez, J. L., Sanchez Perez, J. A. Chisti,Y. **(2007).** Produção melhorada de lovastatina numa coluna de bolhas por *Aspergillus terreus* utilizando uma estratégia de alimentação em duas fases. *Journal of Chemical Technology and Biotechnology.* 82:58-64.

Rodriguez Porcel, E., Casa Lopez, J. L., Vilches, M. A., Sanchez Perez, J. A., Garcia Sanchez, J. L., Chisti, Y. **(2006A).** Efeito das condições de esporulação na produção de lovastatina por *Aspergillus terreus. Bioprocess. Biosysts. Engg.* 29:1-5.

Rodriguez Porcel, E., Casa Lopez, J. L., Vilches, M. A., Sanchez Perez, Fernandaz Sevilla, J. A., Garcia Sanchez, J.L., Chisti, Y. **(2006 B).** Reologia do caldo de *Aspergillus terreus*, transferência de oxigénio e produção de lovastatina num *reator* de lamas com agitação gasosa.*J.Ind. Eng. Chem. Res.* 45:48374843.

Rodriguez Porcel, E., Casa Lopez, J. L., Vilches, M. A., Sanchez Perez, J. A., Garcia Sanchez, J. L., Chisti. Y. **(2008).** Produção de Lovastatina por *Aspergillus terreus* numa operação de alimentação em duas fases. *Journal of Chemical Technology and Biotechnology.S3*:123 6-1243.

Roitelman, J., Olender, E. H., Bar-Nun, S., Dunn, W. A., Simoni, R. D **(1992).** Evidência imunológica de oito vãos no domínio da membrana da 3-hidroxi-3-metilglutaril coenzimaA redutase: implicações para a degradação da enzima no retículo endoplasmático. *J. Cell Biol.* 117:959-973.

Rosenson, R. S., Koenig, W. **(2003).** Utilidade dos marcadores inflamatórios no tratamento da doença arterial coronária. *Am. J. Cardiol.* 92:10-18.

Rosevear, A., Kennedy, J. F., Cabral, J. M. S. **(1987).** Enzimas e células imobilizadas. Adam Hilger Publications, pp.1-14.

Roskoski, R., Jr. **(2003).** Protein prenylation: a pivotal posttranslationai process. *Biochem. Biophys. Res. Commun.* 303:1-7.

Rossi Alva, J. C., Rocha Leão, M. H. M. **(2003).** Um estudo estratégico utilizando o aprisionamento de linhagens mutantes em alginato de cálcio para a produção de células de *Saccharomyce cerevisiae* com alta atividade de invertase. *Biotechnol. Appl. Biochem.* 38:43-51.

Rossner, S. **(2004).** Novos actores nas antigas vias de processamento da proteína precursora de amiloide. *Int. J. Dev. Neurosci.* 22:467-474.

Rowland, G. G., Mchughen, A., Bhatty, R. S., Mackenzie, S. L., Taylor, **D. C. (1995).** *A* aplicação da mutagénese química e da biotecnologia à modificação de sementes de linho *(Linum usitatissimum).* 85:317-325.

Roze, L. V., Linz, J. E. **(1998).** A lovastatina desencadeia um processo de morte celular semelhante à apoptose no fungo *Mucor racemosus. Fungal Genet. Biol.* 25:119-133.

Ruchir, C., Pansuriya, Rekha, S., Singhal. **(2010).** Metodologia de superfície de resposta para otimização da produção de lovastatina por fermentação em estado sólido. *Braz. J. Microbiol.* 41:164-172.

Ruiz-Velasco, N., Dominguez, A., Vega, M. A. **(2004).** As estatinas regulam positivamente a expressão de CD36 em monócitos humanos, um efeito reforçado quando combinado com ligandos PPARY-y - contribuição putativa de Rho GTPases na expressão de CD36 induzida por estatinas. *Biochem. Pharmacol.* 67:303-313.

Ryu, Y. W., Navarro, J. M., Durand, G. **(1982).** Estudo comparativo da produção de etanol por uma levedura imobilizada em reator tubular e num reator de múltiplos estágios. *Eur. J. Appl. Microbiol. Biotechnol.* 15:1-8.

Sabika, A., Gyana Prasuna, R., Theja, B., Chakradhar, Y. M. S. **(2012).** Exploração de substratos naturais e bolos de óleo para a produção de pectinase *por A.tamarii e A.carbonarius. IJPBS.* 3:614-624.

Sakurai, A., Itoh, M., Sakakibara, M., Saito, H., Fujita, M. **(1997).** Produção de ácido cítrico por *Aspergillus niger* imobilizado em esferas porosas de celulase. J. *Chern. Technol. Biotechnol.* 70:157-162.

Sambrook, J., Fritsch, E. F., Maniatis, T. **(1989).** Molecular Cloning, a laboratory manual, Cold Spring Harber Laboratory, Cold Spring Harber, N.Y.

Samiee, S. M., Moazami, N., Haghighi, S., Mohseni, F. A., Mirdamadi, S., Bakhtiari, M. R. **(2003).** Rastreio da produção de lovastatina por fungos filamentosos. *Iranian Biomedical Journal.* 7: 29-33.

Sayyad, S. A., Panda, B. P., Javed, S., Ali, M. **(2007).** Otimização dos parâmetros nutricionais para a produção de lovastatina por *Monascus purpureus* MTCC 369 sob fermentação submersa utilizando a metodologia de superfície de resposta. *Microbiologia Aplicada e Biotecnologia.* 73:1054-1058.

Schillinger, M., Exner, M., Mlekusch, W., Amighi, J., Sabeti, S., Muellner, M. **(2004).** A terapia com estatinas melhora o resultado cardiovascular de pacientes com doença arterial periférica. *Eur. Heart J.* 25:742-748.

Schonbeck, U., Libby, P. **(2004).** Inflamação, imunidade e inibidores da HMG- CoA redutase: as estatinas como agentes anti-inflamatórios? *Circulation.* 109:1118-1126.

Scuffham, P. A., Chaplin, S. A. **(2005).** Uma análise custo-efetividade da fluvastatina em pacientes com diabetes após intervenção coronária percutânea bem sucedida. *Clin. Ther.* 27:1467-1477.

Seabra, M. C. **(1998).** Associação de membranas e direcionamento de GTPases do tipo Ras preniladas. *Cell Signal.10:167-172.*

Seifert, D. B., Phillips, J. A. **(1997).** Produção de pequenas esferas de alginato monodispersas para imobilização de células. *Biotechnol Prog.* 13:562-568.

Seraman Subhagar, Rajendran, Aravindan Thangavelu e Viruthagir. **(2009).** Otimização da superfície de resposta da fermentação em estado sólido de substrato misto para a produção de lovastatina por *Monascus purpureus. Eng. Life Sei.* 9:303-310.

Sergio Sanchez, Arnold, L., Demain. **(2008).** Regulação metabólica e produção excessiva de metabolitos primários. *Microb. Biotechnol.* 4:283-319.

Shepherd, J., Blauw, G. J., Murphy, M. B., Bollen, E. L., Buckley, B. M., Cobbe, S. M. **(2002).** Pravastatina em indivíduos idosos com risco de doença vascular (PROSPER): um ensaio aleatório controlado. *Lancet.* 360:1623-1630.

Shindia, A. A. (1997).Produção de mevinolina por alguns fungos. *Folia Microbiol.42:477-480.*

Sidera, C., Parsons, R., Austen, B. **(2005).** A regulação da beta- secretase pelo colesterol e pelas estatinas na doença de Alzheimer. *J. Neurol. Sei.* 230:269-273.

Siebold M., Freiling, P. V., Joppien, R., Rindleisch, D., Schugerl, K., Roper, H. **(1995).** Comparação da produção de ácido lático por três *lactobacilos* diferentes e sua recuperação por extração e diálise por elétrodo. *Proc.Biochem.* 30:81-95.

Singerll, Scott, S., Kazazis, D. M, Hufft, J. W. **(1988).** A lovasatina, um inibidor da síntese de colesterol, induz a hidroximetilglutaril-coenzimaA redutase diretamente nas membranas do retículo endoplasmático liso expandido em hepatócitos de rato. *Proc. Natl. Acad. Sei.* USA. 85:5264-5268.

Siperstein, M. D. **(1970)** Regulação da biossíntese do colesterol em tecidos não-natais e malignos. *Curr. Top. Cell. Regul.* 2: 65-100.

Siperstein, M. D., Fagan, V. M. (1966).Controlo de feedback da síntese de mevalonato pelo colesterol da dieta. *J.Biol. Chern.* 241: 602-609.

Sitaram, Kumar, M., Pallapothu, Mahendra, Kumar, Hemant, Sarnaik, M., Sadhukhan, A. K. **(1999).** Uma técnica rápida para o rastreio de estirpes de *Aspergillus terreus* produtoras de lovastatina através de bioensaio em ágar e *Neurospora crassa. J. of Microbiological Method.* 40:99-104.

Skaletz-Rorowski, A., Lutchman, M., Kureishi, Y., Lefer, D. J., Faust, J.R., Walsh, K. **(2003).** Os inibidores da HMG-CoA redutase promovem a translocação de Akt/PKB dependente de colesterol para domínios de membrana em células endoteliais. *Cardiovasc Res.* 57:253-264.

Skoog, D, A., Holler, F, J., Nieman, T, A. **(1998).** Métodos de separação. Principles of Instrumental Analysis. Saunders College Publishing, Filadélfia, EUA. pp:674-700.

Song, J. L., Lyons, C. N., Holleman, S., Oliver, B. G., White, T. C. **(2003).** Atividade antifúngica do fluconazol em combinação com a lovastatina e os seus efeitos na expressão genética nas vias do ergosterol e da prenilação em *Candida albicans. Med. Mycol.* 41:417-425.

Sorrentino, Sajoscha, Landmesser e Ulf. **(2005).** Efeitos não-lipidémicos das estatinas. *Curr. Treat. Options Cardiovasc. Med.7:459-466.*

Sparks, D. L., Hunsaker, J. C., Scheff, S. W., Kryscio, R. J., Henson, J. L., Markesbery, W. R. **(1990).** Cortical senileplaques in coronary artery disease, aging and Alzheimer's disease. *Neurobiol. Aging.* 1:601-607.

Sparks, D. L., Sabbagh, M. N., Connor, D. J., Lopez, J., Launer, L. J., Browne, P. **(2005).** Atorvastatina para o tratamento da doença de Alzheimer ligeira a moderada: resultados preliminares. *Arch. Neurol.* 62:753-757.

Sparks, D. L., Scheff, S. W., Hunsaker, J. C., Liu, H., Landers, T., Gross, D. R. (1994). Indução de reatividade imunitária do tipo Alzheimer-amiloide no cérebro de coelhos com colesterol dietético.

Exp. Neurol.126:88-94.

Sree Devi, K., Venkateswara Rao, J., Lakshmi Narasu, M., SaiKrishna, K. **(2011).** Isolamento e rastreio de estirpes de fungos *Aspergillus terreus* produtores de lovastatina a partir de amostras de solo. *IJPT.* 3:2772-2782.

Sreedevi, K., VenkateswaraRao, J., Lakshmi Narasu, Fareedullah, Md. **(2011).** Melhoria da estirpe de *Aspergillus terreus* para o aumento da produção de lovastatina, um inibidor da HMG-COA redutase. *J. Microbiol. Biotech. Res.* 1:96-100.

Sri Rami Reddy, D., Prasanna Latha, D., Hema Latha, K. P. J. **(2011).** Produção de Lovastatina por fermentação em estado sólido por *Penicillium funiculosum* NCIM 1174. *Drug Invention today.* 3:75-77.

Srinivasulu, B., Prakasham, R. S., Annapurna, J., Srinivas, S., Ellaiah, P., Ramakrishna, S. V. **(2002).** Produção de neomicina com células livres e imobilizadas de *Streptomyces marinensis* num reator de transporte aéreo. *Proc. Biochem.* 38:593-598.

Srinu, M., Phani, G. V., Bhusha, N., Feleke moges, Srilakshmi, J., Sankar, G., Prabhakar, T., Lakshminarayana, K. **(2010).** Rastreio de *Actinomicetos* Marinhos produtores de inibidores da HMG-Co A Reductase. *JPRHC.* 2:66-74.

Stanbury, A., Whitaker, Hall, S. J. **(1995).** Tecnologia de Fermentação: "Principles of Fennentation Technology", Pergamon Press, Oxford. 124.

Stanislaus, R., Pahan, K., Singh, A. K., Singh, I. **(1999).** Melhoria da encefalomielite alérgica experimental em ratos Lewis por lovastatina. *Neurosci. Lett.* 269:71-74.

Starr, P., Roen, P., Frcibrun, J. L., Schleissner, L. A. **(1960).** Redução do colesterol sérico pela D-tiroxina sódica. *A.M.A. Arch. InUrn, Med.* 105:830-842.

Steinmetz, K. L. **(2002).** Colesevelam hydrochloride. *Am. J.Health Syst. Pharm.* 59:932-939.

Strohl, W. R., Bartel, P. L., Li, Y., Connors, N. C., Woodman, R. H. **(1991).** Expressão da biossíntese de policetídeos e genes reguladores em *Streptomycetes* heterólogos. *J. Indust. Microbiol.* 7:163-174.

Stuve, O., Youssef, S., Steinman, L., Zamvil, S. S. **(2003).** Statins as potential therapeutic agents in neuro inflammatory disorders. *Curr. Opin. Neurol.* 16:393-401.

Subhagar Seraman, Aravindan Rajendran e Viruthagiri Thangavelu. **(2010).** Otimização estatística da produção de lovastatina, um fármaco anticolesterolémico, pelo bolor vermelho *Monascus purpureus. Food Bioprod. Process.* 88:266-276.

Sudarshana, B., Moumita, K., Rina Rani, R. **(2012).** Aumento da produtividade da endoglucanase e da estabilidade micelial de *Rhizopus oryzae* por mutagénese clássica. *Brit. Biotechnol.* 2:60-72.

Suryanarayan, S., Mazumdar, K., Solid state fermentation (Fermentação em estado sólido). Patente dos EUA. 2001. p. 6,197,573. 62. Porcel, E. R., Lopez, J.L., Ferron, M. A., Perez, J. A., Sanchez, J. L., Chisti, Y. (2006).Efeitos das condições de esporulação na produção de lovastatina por *Aspergillus terreus. Bioprocess Biosyst. Eng.* 29:1-5.

Susana Rodriguez Couto. (2008).Aproveitamento de resíduos biológicos para a produção de produtos de valor acrescentado em condições de fermentação em estado sólido. *Revista de Biotecnologia.* 7:859-870.

Sutherland, A., Auclair, K., Vederas, J. C. **(2001).** Avanços recentes nos estudos biossintéticos da lovastatina. *Curr. Opin. Drug Discov. Dev.* 4:229-236.

Szakacs, G., Morovjan, G., Tengerdy, R. P. **(1998).** Produção de lovastatina por uma estirpe selvagem *de Aspergillus terreus. Biotechnol. Lett.* 20:411415.

Tanaka, H., Ohta, T., Harada, S., Ogboona, J. C., Yajima, M. **(1994).** Desenvolvimento de um método de fermentação utilizando células imobilizadas em condições não estéreis: Proteção das células imobilizadas contra substâncias antimicrobianas. *Appl. Microbiol. Biotechnol.* 41:544-550.

Tanzawa, K., Kuroda, M., Endo, A. (1977). Inibição irreversível e dependente do tempo da 3-hidroxi-3-metil-glutaril coenzima A redutase pelo antibiótico citrinina. *Biochem. Biophys. Ata.* 488:97-101.

Tauber, A. I. **(2003).** Metchnikoff e a teoria da fagocitose. *Nat. Rev. Mol. Cell BiolA:897-901.*

Taupitz, A., Otaguro, K. **(1959).** Os efeitos dos estrogénios no colesterol sérico de ratos machos. *Symp. Deut. Ges. Endokrina.* 65:430-432.

Tennet, D.M., Siegel, H., Zanetti, M. E., Kuron, G. W., Ott, W. H., Waif, F.J. **(1960).** Ação redutora do colesterol plasmático dos polímeros de ligação aos ácidos biliares em animais experimentais. *J. Lipid Res.* 1:469-473.

Terahara, A., Tanaka, M. **(1982).** Derivados do ML-236B e sua preparação. Patente dos EUA, p. 4.346.227.

Terblanche, M. **(2007).** Statins and sepsis: multiple modifications at multiple levels. *Lancet. Infect. Dis.* 7:358-368.

Teunissen, C. E., Dijkstra, C.D., Polman, C. H., Hoogervorst, E.L., von Bergmann, K., Lutjohann, D. **(2003).** Diminuição dos níveis do 24S-hidroxicolesterol específico do cérebro e dos precursores do colesterol no soro de pacientes com esclerose múltipla. *Neurosci. Lett.* 347:159-162.

O Grupo de Estudo da Lovastatina II. **(1986).** Resposta terapêutica à lovastatina (mevinolina) na hipercolesterolemia não familiar. *JAMA.* 256:2829-2834.

Thepenier, **C.,** Gudin, **C., D,** Thomas. **(1985).** Imobilização de *Porphyridium cruentum* em espuma de poliuretano para a produção de polissacarídeo. *Biomassa.* 7:225-240.

Thibault, A., Samid, D., Tompkins, A. C., Figg, W. D., Cooper, M. R., Hohl, R.J., Trepel, J., Liang, B., Patronas, N., Venzon, D. J. **(1996).** Estudo de fase I da lovastatina, um inibidor da via do mevalonato, em doentes com cancro. *Clin. Cancer Res.* 2:483-491.

Thongchul, N., Yang, S. T. **(2003).** Controlo da morfologia de fungos filamentosos através da imobilização numa matriz fibrosa rotativa para melhorar a transferência de oxigénio e a produção de ácido L (+)-lático por *Rhizopus oryzae.* Fermentation Biotechnology, ed. B. C., Saha Oxford University press, M. A. pp.36-51.

Thorp, J. M., Waring, W. S. (1962).Modificação do metabolismo e distribuição de lípidos pelo clorofenoxi-isobutirato de etilo. *Nature.* 194:948-949.

Thorpe, J. L., Doitsidou, M., Ho, S. Y., Raz, E., Farber, S. **A. (2004).** A migração de células germinativas no peixe-zebra depende da atividade da HMGCoA redutase e da prenilação. *Dev. Cell.6:295-302.*

Tobert, J. A. **(1987).** Novos desenvolvimentos na terapia de redução de lípidos: O papel dos inibidores da hidroximetilglutaril coenzima A redutase. *Circulation.76:534-538.*

Tobert, J. A., Bell, G. D., Birtwell, J., James, I., Kukovetz, W. R., Pryor, J. S., Buntinx, A., Holmes, I. B., Chao, Y. S., Bolognese, J. A. **(1982).** Efeito redutor do colesterol da mevinolina, um inibidor da 3-hidroxi-3-metilglutaril coenzima A redutase, em voluntários saudáveis. *J.Clin.Invest.* 69:913-919.

Tobert, Jonathan, A. **(2003).** Lovastatina e mais além: A história dos inibidores da HMG-CoA redutase. *Nature Reviews Drug Discovery.* 2:517526.

Tsubouchi, H., Inoguchi, T., Sonta, T., Sato, N., Sekiguchi, N., Kobayashi, K. **(2005).** Statin attenuates highglucose-induced and diabetes-induced oxidative stress in vitro and in vivo evaluated by electron spinresonance measurement. *Free Radic. Biol. Med.* 39:444452.

Tsujita, Y., Kuroda, M., Tanzawa, K., Kitano, N., Endo, A. **(1979).** Efeitos hipolipidémicos em cães do ML-236B, um inibidor competitivo da 3-hidroxi-3-metilglutaril co-enzima A redutase. *Atherosclerosis.32:307-* 313.

Tuomilehto, J. **(2003).** Reduzir a doença coronária associada à diabetes tipo 2: intervenção no estilo de vida e tratamento da dislipidemia. *Diabetes Res Clin. Pract.* 61:S27-S34.

Turker, M., J. F. Kennedy. **(1992).** Sistemas de células inteiras imobilizadas: Considerações de engenharia. *Gene. Eng. Biotechnol.* 12:9-28.

Twolozin, B., Kellman, W., Ruosseau, P., Celesia, G., Siegel, G. **(2000).** Diminuição da prevalência da doença de Alzheimer associada aos inibidores da 3-hidroxi-3-metilglutaril coenzima A redutase. *Arch. Neurol.57:1439-* 1431.

Ulrike, Holzgrabe, Berndwk, Diehl, Iwona e Wawer. **(1997).** Espectroscopia NMR em farmácia. *J. of Pharmaceutical and Biomedical Analysis. 17:557-616.*

Valera, H. R., Gomes, J., Lakshmi, S., Gururaja, R., Suryanarayan, S., Kumar, D. **(2005).** Produção de Lovastatina por SSF utilizando *Aspergillus flavipes. Enzyme Microb.Technol. 37:521-526.*

Vandivier, R.W., Fadok, V. A., Hoffmann, P. R., Bratton, D. L., Penvari, C., Brown, K. K., Brain, J. D., Accurso, F. J., Henson.P. M. **(2002).** A clivagem do recetor de fosfatidilserina mediada por elastase prejudica a depuração de células apoptóticas na fibrose cística e na bronquiectasia. *J. Clin. Invest.* 109:661-670.

Vassilev, N. B., Vassileva, M. C., Spassova, D. I. **(1993).** Produção de ácido glucónico por *Aspergillus niger* imobilizado em espuma de poliuretano. *Appl. Microbiol. Biotechnol.* 39:285-288.

Vassilev, N., Vassileva, M. **(1992).** Produção de ácidos orgânicos por fungos filamentosos imobilizados. *Mycol. Res.* 96:563-570.

Vasudevan, A. R., Jones, P. H. **(2005).** Utilização eficaz da terapia lipídica combinada. *Curr. Cardiol. Rep.* 7:471-479.

Vaziri, N. D., Liang, K. **(2004).** Efeitos da inibição da HMG-CoA redutase na expressão hepática de enzimas reguladoras do colesterol e receptores na síndrome nefrótica. *Am. J. Nephrol.* 24:606-613.

Vega, G. L., East, C. A., Grundy, S. M. **(1988).** Lovastatin therapy in familial dysbetalipoproteinemia: effects on kinetics of apolipoprotein B. *Atherosclerosis.* 70:131-143.

Vega, G. L., Grundy, S. M. **(1988).** Terapia com Lovastatina na hiperlipidemia nefrítica: efeitos no metabolismo das lipoproteínas. *Kidney Int.* 33:11601168.

Vijaya Lakshmi, C., Singara Charya, M. A., Vijaya Lakshmi, M. **(2010).** Ração tratada com enzimas lignolíticas. *Bioresources.* 5:259-267.

Vilches Ferron, M. A., Casas Lopez, J. L., Sanchez Perez, J. A., Fernandez Sevilla, J. M., Chisti, Y. **(2005).** Rastreio rápido de mutantes *de Aspergillus terreus* para a produção excessiva de lovastatina. *World J. Microb. Biot.* 21:123-125.

Vinci, V. A., Hoerner, T. D., Coffman, A. D., Schimmel, T. G., Dabora, R. L., Kirpekar, A. C. (1991). Mutantes de uma lovastatina-hiperprodutora de
Aspergillus terreus deficiente na produção de sulocrina. *J. Ind. Micro.* 8:113-120.

Vollmer, T., Key, L., Durkalski, V., Tyor, W., Corboy, J., Markovic-Plese, S. **(2004).** Tratamento oral com sinvastatina na esclerose múltipla recorrente-remitente. *Lancet.* 363:1607-1608.

Wada, M., Kato, J., Chibata, I. **(1980).** Produção contínua de etanol utilizando células de levedura em crescimento imobilizadas. *Appl. Microbiol. Biotechnol.* 10:4.

Watson, D. G. **(2005).** Pharmaceutical analysis; A text book for pharmacy students and Pharmaceutical chemists. Elsevier Churchill Livingstone. U.K. pp 118-119.

Watts, G. F., Dimmitt, S. B. **(1999).** Fibratos, dislipoproteinemia e doenças cardiovasculares. *Curr. Opin.Lipidol.* 10:561-574.

Wennerberg, K., Der, C. J. **(2004).** GTPases da família Rho: não é apenas Rac e Rho (e eu gosto disso). *J. Cell Sei.* 117:1301-1312.

West, T. P., Strohfus, B. **(1997).** Imobilização de células fúngicas em zeólito para produção de pullulan. *Microbios.* 91:121-130.

Wolozin, B; Wang, S. W., Li, N. C., Lee, A., Lee, T. A., Kazis, L. E. **(2007).** Simvastatin is associated with a reduced incidence of dementia and Parkinson's disease. *BMC Medicine.5:20-24.*

Wong, W. W., Dimitroulakos, J., Minden, M. D., Penn, L. Z. **(2002).** HMG-CoA reductase inhibitors and the malignant cell: the statin family of drugs as triggers of tumor-specific apoptosis. *Leukemia.* 16:508-519.

Wu, C. H., Apweiler, R., Bairoch, A., Natale, D. A., Barker, W. C., Boeckmann, B., Ferro, S., Gasteiger, E., Huang, H. **(2006).** The Universal Protein Resource (UniProt): um universo em expansão de informações sobre proteínas. *Nucleic Acids Res.* 34:187-191.

Xia, Z., Tan, M. M., Wong, W. W., Dimitroulakos, J., Minden, M. D., Penn, L. Z. **(2001).** Blocking protein geranylgeranylation is essential for lovastatin-induced apoptosis of human acute myeloid leukemia cells. *Leukemia(B* altimore). 15:1398-1407.

Xu, B. J., Wang, Q. J., Jia, X. Q., Sung, C. K. (2005).Produção melhorada de lovastatina por fermentação em estado sólido de *Monascus ruber. Biotechnol.Bioprocess Eng.* 10:78-84.

Xu, J., Wang, L., Ridgway, D., Gu, T., Moo-Young, M. **(2000).** Aumento da produção de proteínas heterólogas na fermentação de *Aspergillus niger* através da inibição de proteases extracelulares por crescimento granulado. *Biotechnol. Prog.* 16:222-227.

Yan, J., Bajpai, R., lannotti, E., Propovic, M., Muller, R. **(2001).** Fermentação de ácido lático a partir de amido desbastado por enzimas com *Lactobacillus amylovorus* imobilizado. *Chern, andBiochem. Engg. Quarterly.* 15:5963.

Yamamoto, A., Sudo, H., Endo, A. **(1980).** Efeitos terapêuticos do ML- 236B na hipercolesterolemia primária. *Atherosclerosis.* 35:259-266.

Yamamoto, A., Yamamura, T., Yokoyama, S., Sudo, H., Matsuzawa, Y. **(1984).** Terapia medicamentosa combinada - colestiramina e compactina para hipercolesterolemia familiar. *Int. J. Clin. Pharmacol. Ther. Toxicol.* 22:493-497.

Yang, C. C., Jick, S. S., Jick, H. **(2006).** Medicamentos hipolipemiantes e o risco de depressão e comportamento suicida. *Arch. Intern.Med.* 163:19261932.

Young-Xu, Y., Chan, K. A., Liao, J. K., Ravid, S., Blatt, C. M. **(2003).** Uso de estatinas a longo prazo e bem-estar psicológico. *J. Am. Coll. Cardiol.* 42:690-697.

Youssef, S., Stuve, O., Patarroyo, J. C., Ruiz, P. J., Radosevich, J. L., Hur ,E. M. **(2002).** O inibidor da HMG-CoA redutase, atorvastatina, promove um viés Th2 e reverte a paralisia na doença autoimune do sistema nervoso central. *Nature.* 420:78-84.

Zaborsky, **O.** R. **(1973).** Immobilized enzymes, CRC press, Cleveland, pp. 5-9, 24-25.

Zhang, J., Zhu, J., Bu, X., Cushion, M., Kinane, T. B., Avraham, H., Koziel, H. **(2005).** A ativação de Cdc42 e RhoB é necessária para a fagocitose mediada por receptores de manose por macrófagos alveolares humanos. *Mol. Biol. Cell.* 16:824-834.

Zhao, M., Duncan, J. R. **(1997).** Utilização de Saccharomyces cerevisiae reticuladas com formaldeído em bioreactores de coluna para a remoção de metais de soluções aquosas. *Biotechnol. Lett.* 19:953-955.

MIX
Papier aus verantwortungsvollen Quellen
Paper from responsible sources
FSC® C105338

Printed by Books on Demand GmbH, Norderstedt / Germany